U0334587

大数据科学与应用丛书

大数据技术
基础与应用导论

杨毅 王格芳 王胜开 陈国顺 孙甲松 编著

电子工业出版社
Publishing House of Electronics Industry
北京·BEIJING

内 容 简 介

本书从大数据的前身——数据挖掘技术入手，首先介绍了数据挖掘技术及在大数据中常用的采集、存储和分析方法；然后以连续语音识别和多语言语音识别为例，对大数据信息处理技术的关键应用给出了详细的说明；接着给出了大数据场景分析，详细介绍了基于场景分析的大数据信息处理应用，如MOOC 大数据教学分析系统、社交网络大数据关系推荐系统、金融服务大数据风险预警系统等；随后介绍了互联网+大数据的应用，对电子商务、互联网金融、能源大数据等具有差异性的行业应用进行了简要介绍；最后对大数据的应用进行了展望。

本书包括大数据、数据挖掘和场景感知等基本内容及其应用，可作为相关专业本科生及研究生学习大数据应用的入门用书，对工程人员来说，本书也是一本综合性较强的参考图书。

图书在版编目（CIP）数据

大数据技术基础与应用导论 / 杨毅等编著. — 北京：电子工业出版社，2018.6
（大数据科学与应用丛书）
ISBN 978-7-121-34336-0

I. ①大… II. ①杨… III. ①数据处理 IV. ①TP274

中国版本图书馆 CIP 数据核字（2018）第 117582 号

责任编辑：田宏峰
印　　刷：北京盛通商印快线网络科技有限公司
装　　订：北京盛通商印快线网络科技有限公司
出版发行：电子工业出版社
　　　　　北京市海淀区万寿路 173 信箱　　邮编：100036
开　　本：787×980　1/16　印张：12　字数：268 千字
版　　次：2018 年 6 月第 1 版
印　　次：2020 年 1 月第 5 次印刷
定　　价：68.00 元

凡所购买电子工业出版社图书有缺损问题，请向购买书店调换。若书店售缺，请与本社发行部联系，联系及邮购电话：（010）88254888，88258888。

质量投诉请发邮件至 zlts@phei.com.cn，盗版侵权举报请发邮件至 dbqq@phei.com.cn。

本书咨询联系方式：tianhf@phei.com.cn。

前　言

　　"大数据"这个词汇已经与"移动互联网""云计算""人工智能"等一起成为科技从业人员中，甚至是街头巷尾的流行词汇之一。中国工程院邬贺铨院士在 2013 年撰写的大数据时代的机遇与挑战至今已被引用 200 多次；同年出版的维克托·迈尔·舍恩伯的专著《大数据时代》则一直在亚马逊的热销图书商品排名中，其热度可见一斑。从 2016 年美国总统选举到相亲网站用户匹配，大数据的身影无处不在，每个人的工作和日常生活，都自觉或不自觉地受到大数据的影响和支配。但什么是大数据，每个人、每个机构，甚至每个国家，都对此有不同的答案。我们需要给大数据一个清晰的、统一的、完整的定义。幸运的是，麦肯锡全球研究所给出了一个标准答案：大小超出了传统数据库软件工具的抓取、存储、管理、分析能力的数据群被称为大数据。

　　虽然大数据如此之热，但是在具体深入研究下去后就会发现，大数据技术的研究和应用的主要领域仍然集中在与 IT 产业密切相关的互联网产业界，在电子商务、搜索推荐、可穿戴设备、无人车/机等方向上，各种规模的创新、创业公司层出不穷，各类应用更是五花八门、纷繁复杂，而大数据相关的国内外文献也是种类繁多、涉及广泛。

　　大数据分析应用于科学、医药、商业等各个领域，用途差异巨大，但其目标可以归纳为如下几类。第一，获得知识与推测趋势。大数据包含大量原始的、真实的信息，大数据分析能够有效摒弃个体差异，帮助人们可以透过现象更准确地把握事物背后的规律。第二，分析掌握个性化特征。企业通过长时间、多维度的数据积累，可以分析用户的行为规律，更准确地描绘个体轮廓，为用户提供更好的个性化产品和服务，以及更准确的广告推荐等。第三，通过分析辨识真相。由于网络中的信息传播更加便利，所以网络虚假信息造成的危害也更大。由于大数据的来源广泛且具有多样性，因此在一定程度上可以帮助实现信息的去伪存真。目前，人们开始尝试利用大数据进行虚假信息的识别。

　　相应地，大数据技术也面临巨大的挑战，主要包括：

　　（1）当前的数据量正以指数方式增长，而大数据处理和分析的能力远远跟不上数据量增长的速度。高效率和低成本的存储技术、非结构化和半结构化数据的高效处理技术、大数据去冗降噪技术、数据挖掘和基于大数据的预测分析技术等都有待发展和完善。

（2）大数据包含丰富的个人信息，通过整合分析，可以精准判断个人的喜好乃至性格，揭示行为规律，使个人的隐私信息更加容易暴露。如何在加强数据获取能力的同时更好地保护个人隐私，是未来大数据研究的一个重大挑战。

（3）大数据使人类对信息掌控的程度相对过去有了质的提升，从这个意义来看，从信息时代进入大数据时代超越了从机械计算时代进入电子计算时代，对于大数据的观念、态度必须要能够适应新时代的要求。

本书尝试从大数据的前身——数据挖掘技术入手，首先介绍在大数据这个词汇发明之前，数据挖掘技术是如何用于金融投资、识别欺诈并保障网络安全的；随后对大数据技术中使用的采集、存储及分析方法，如目前流行的 HDFS 及 MapReduce 进行详细阐述，以便使入门者快速掌握相关的技术；随后以语音识别中的连续语音识别和多语言语音识别为例，介绍大数据信息处理技术在 IT 行业中的关键应用；大数据分析与场景密切相关，因此提供了一系列基于场景分析基础上的大数据信息处理应用，如 MOOC 大数据教学分析系统、社交网络大数据关系推荐系统和金融服务大数据风险预警系统等；以互联网+大数据为特色的应用非常广泛，仅选取了电子商务、互联网金融、城市可持续发展、能源大数据、智能电网大数据等差异性较大的行业应用进行了简单介绍；进一步的大数据信息处理应用则涉及场景感知这一更加复杂的课题，场景感知更近似于人类对场景的观察、判断、分析与响应，相比于场景分析具有更强的灵活性、实时性、准确性，无人驾驶汽车操控系统就是场景感知的典型综合应用案例。

本书包括大数据、数据挖掘和场景感知等基本内容及其应用，可作为 IT 相关专业本科及研究生学习大数据理论、技术与应用的入门用书，对工程人员来说也是一本综合性较强的参考手册。同时，本书引用了大量国内外最新技术实例及作者的国家基金项目研究成果，对互联网领域的技术研究人员也有一定的参考价值。

本书在编写过程中，北京交通大学袁保宗教授、中国科学院声学研究所颜永红教授、北京理工大学谢湘副教授等专家给予了大力指导和支持，并得到国家自然科学基金重大项目（NSFC：11590770）的支持，在此表示衷心的感谢！

由于编著者水平和经验有限，书中错误之处在所难免，敬请读者指正。

编著者

2018 年 5 月

目　　录

第 1 章

绪论

1

1.0 引 言

随着计算机网络用户数量的增长，每天都产生上万亿比特的数据，大数据（Big Data）时代已经到来，这是过去几十年计算机领域没有预见的，这给计算机信息处理技术带来了新的挑战，必须利用新的思路和理念来处理与日俱增的数据。

对于越来越多的海量数据，用以往的方法已经很难进行有效的处理，因此人们开始关注和研究海量数据的处理方法。2011 年 6 月，麦肯锡全球研究所发布了《大数据：创新、竞争和生产力的下一个前沿》的报告，对"大数据"的概念进行了清晰的阐释。报告将"大小超出了传统数据库软件工具的抓取、存储、管理、分析能力的数据群"称为大数据。2012 年 1 月，在瑞士达沃斯召开的世界经济论坛上，大数据是主题之一，会议报告宣称，数据已经成为一种新的经济资产类别，就像货币或黄金一样。2012 年 3 月，奥巴马宣布美国政府将投资 2 亿美元启动"大数据研究和发展计划"，用于研究开发科学探索、环境和生物医学、教育和国家安全等重大领域与行业急需的大数据处理技术和工具，这是继 1993 年美国宣布"信息高速公路"计划后的又一次重大科技发展部署。美国政府认为，大数据是"未来的新石油"，并将对大数据的研究上升为国家意志，这必将对未来的科技与经济发展产生深远影响。在这些事件的推动下，大数据逐渐变为全球关注的热门概念，人们甚至将 2012 年称为"大数据元年"。

尽管各国政府都对大数据技术高度重视，都不遗余力地大力推动大数据的研究。但事实上，大数据技术研究和应用的主要战场，仍然在企业界，特别是在和信息产业密切相关的互联网产业界。如果将大数据的技术版图进行划分，则呈现出以下三大板块，各自有不同的特点。

1．Google 提出并引领大数据技术

大数据概念被关注之前，对于不断增多的数据，人们的应对方法是不断提升服务器的性能、增加服务器集群数量。在海量数据的冲击下，这种模式付出的成本代价越来越大，最终将达到一个无法承受的程度。例如，Oracle 海量数据库系统 Exadata，每个定制集群系统需 2000 千万美元，仅能存储 10 TB 的数据，因此急需研究大数据的索引和查询技术。

在大数据处理技术上具有里程碑意义的事件，是 Google 于 2003 年发表的三篇大数据的技术论文——MapReduce、Google File System、BigTable。这三篇论文描述了采用分布式计算方式来进行大数据处理的全新思路，其主要思想是将任务分解，然后在多台处理能力较弱的计算节点中同时处理，再将结果合并，从而完成大数据处理。这种方式不再采用昂贵的硬件，而是采用廉价的 PC 级服务器集群，实现海量数据的管理。MapReduce 是一种用于大规模数据集并行计算的编程模型，可将一个大作业拆分为多个小作业的框架，进行作业调度和容错管理。Google File System 是一个使用廉价的商用机器构建的大型分布式文件系统，由文件系统来完成容错任务，利用软件方法保证可靠性，使存储成本大幅下降。Big Table 是一个建立在 Google File System 之上的适用性广泛、可扩展、高性能、高可用性的、非关系型分布式结构化数据存储系统，处理的数据通常是分布在数千台普通服务器上的 PB 级的数据。

2．开源 Hadoop 提供技术基础

Google 的论文给全世界带来了震撼，但由于是私有的技术，无法被其他公司使用。在 Google 思路的启发下，相应的开源项目得到了极大发展，最重要的就是 Apache 基金会下的 Hadoop 项目。Hadoop 项目起源于 2005 年，包含了和 Google 大数据技术相对应的 Google MapReduce、HDFS 和 HBase 等组成部分。Hadoop 可以视为 Google 技术的开源实现，因此具有高可靠性、高扩展性、高效性、高容错、低成本等一系列特点。

Hadoop 技术尽管仍然不能达到 Google 论文中声称的性能，但是它开源的特性使得所有人都可以学习、研究和改进它，同时由于它背后有 Yahoo、Facebook 等 IT 巨头的强力支持，已经完全可以满足当前大数据应用的需求。2011 年以后 Hadoop 的应用越来越多，连 IBM 的智力问答机器人沃森也是基于 MapReduce 数据并行处理的。

3．各大企业推动大数据应用

在 IT 行业，Yahoo、Facebook、Linkedin 和 eBay 等众多企业纷纷转向 Hadoop 平台，推动和完善 Hadoop 项目，并搭建分布式数据处理平台进行大数据的采集、分析和处理。

Yahoo 投入了大量的资源到 Hadoop 的研究中，目前 Yahoo 在 Hadoop 上的贡献率占了 70%。从 2005 年起，Yahoo 就成立了专门的团队，致力推动 Hadoop 的研发，并将集群从 20 个节点发展到 2011 年的 42000 个节点，初具生产规模。在应用领域，Yahoo 更是积极地将 Hadoop 应用于自己的各种产品中，在搜索排名、内容优化、广告定位、反垃圾邮件、用户兴趣预测等方面得到了充分的应用。Facebook 拥有超过 10 亿的活跃用户，需要存储和处理的数据量巨大。它使用 Hadoop 平台建立日志系统、推荐系统和数据仓库系统等。2012 年，Facebook 甚至宣布放弃自行研发的开源项目 Cassandra，全面采用 HBase 为邮件系统提供数据库支持。Facebook 目前运行着的可能是全球最大规模的基于 Hadoop 的数据搜集平台。另一方面，Facebook 也以自身的强大实力，为 Hadoop 提供强力的支持。2012 年，Facebook 宣布开源 Corona 项目，这是 MapReduce 的改进版本，可以更好地利用集群资源。阿里巴巴同样是 Hadoop 技术的积极响应者，2009 年，阿里推出了以 Hadoop 为基础的分布式数据平台"云梯"。Hadoop 使得大数据的应用已成燎原之势，除了 IT 企业，金融、传媒、零售、能源、制药等传统行业在大数据技术应用方面也积极响应，行业应用如系统研发、服务需求和计算模型研究等都在开展中。

大数据已成为继云计算之后信息技术领域的另一个信息产业增长点。据 Gartner 公司预测，2013 年大数据将带动全球 IT 支出 340 亿美元，到 2016 年全球在大数据方面的总花费将达到 2320 亿美元。Gartner 将大数据技术列入 2012 年对众多公司和组织机构具有战略意义的十大技术与趋势之一。不仅如此，作为国家和社会的主要管理者，各国政府也是大数据技术推广的主要推动者。2009 年 3 月美国政府上线了 data.gov 网站，向公众开放政府所拥有的公共数据。随后，英国、澳大利亚等政府也开始了大数据开放的进程。截至目前，全世界已经有 35 个国家和地区构建了自己的数据开放门户网站。美国政府联合 6 个部门宣布了 2 亿美元的"大数据研究与发展计划"。2012 年，中国通信学会、中国计算机学会等重要学术组织先后成立了大数据专家委员会，为我国大数据应用和发展提供学术咨询。

云计算技术和物联网技术的产生给大数据时代的到来提供了必要条件，是计算机行业又一次重大的革命性变革，并直接影响广大计算机用户、企事业单位和政府机关的活动方式，以及它们之间的交流途径。数据是大数据时代的最重要的核心内容，企业、消费者和网民之间的界限在大数据时代变得模糊，这对企业的运行、经营、管理和发展方向都产生了重要影响，同时也带来各种挑战和机遇。

由于传统计算机硬件的限制，使得计算机网络存在诸多的应用局限，需要将目前的计算机网络转换为云计算机网络，这是大数据时代计算机信息处理技术的发展趋势。事实上，未来计算机网络的发展理念是将计算机硬件和网络数据分开，实现将目前的云计算转化为云计算机网络。未来的计算机会与信息网络形成大数据网络系统，两者不可分离。

本章将着重介绍大数据相关的背景和基础知识，包括：数据的定义与属性、大数据概念与定义、大数据和小数据、结构化数据和非结构化数据、大数据信息处理技术及其应用等。本章内容为后面的章节做了基础铺垫。

1.1　数据的定义与属性

数据是信息的表现形式和载体，可以是符号、文字、数字、语音、图像、视频等。数据和信息是不可分离的，数据是信息的表达，信息是数据的内涵。数据本身没有意义，数据只有对实体行为产生影响时才成为信息。总的来说，数据是事实或观察的结果，是对客观事物的逻辑归纳，是用于表示客观事物的未经加工的原始素材。数据可以是连续的值，如声音、图像，称为模拟数据；也可以是离散的值，如符号、文字，称为数字数据。

在计算机系统中，各种字母、数字符号的组合、语音、图形、图像等统称为数据，数据经过加工后就成为信息。在计算机科学中，数据是指所有能输入计算机并被计算机程序处理的符号的介质的总称，是用于输入电子计算机进行处理，具有一定意义的数字、字母、符号和模拟量等的通称。

1.2　大数据概念与定义

近年来，大数据迅速发展成为科技界和企业界甚至世界各国政府关注的热点。《自然》（Nature）和《科学》（Science）等期刊相继出版专刊专门探讨大数据带来的机遇和挑战。对于大数据，研究机构 Gartner 给出了这样的定义：大数据是需要新处理模式才能具有更强的决策力、洞察发现力和流程优化能力的海量、高增长率和多样化的信息资产。麦肯锡全球研究所给出的定义是：一种规模大到在获取、存储、管理、分析方面大大超出了传统数据库软件工具能力范围的数据集合，具有海量的数据规模、快速的数据流转、多样的数据类型和价值密度低四大特征。麦肯锡还认为，数据已经渗透到当今每一个行业和业务职能领域，成为重要的生产因素。人们对于大数据的挖掘和运用，预示着新一波生产力增长和消费盈余浪潮的到来。大数据已成为社会各界关注的新焦点，大数据时代已然来临。

所谓的大数据，顾名思义就是数据量巨大的意思，指的是信息的数据量巨大，以目前的计算机主流软件无法在短时间内实现对其进行获取、处理、存储、传输等管理功能，以便为客户提供合理的信息技术服务。对于数据量巨大到什么程度，业内目前还没有统一的标准，一般认为数据量在 10 TB～1 PB（1 TB=1024 GB，1 PB=1024 TB）以上。

从宏观世界角度来讲，大数据是融合物理世界（Physical World）、信息空间和人类社会（Human Society）三元世界的纽带，因为物理世界通过互联网、物联网等技术有了在信息空间（Cyberspace）中的大数据反映，而人类社会则借助人机界面、脑机界面、移动互联等手段在信息空间中产生自己的大数据映像。从信息产业角度来讲，大数据还是新一代信息技术产业的强劲推动力。所谓新一代信息技术产业，其本质上是构建在第三代平台上的信息产业，主要是指大数据、云计算、移动互联网（社交网络）等。从社会经济角度来讲，大数据是数字经济的核心内涵和关键支撑。

相较于传统的数据，人们将大数据的特征总结为五个 V，即体量大（Volume）、速度快（Velocity）、模态多（Variety）、难辨识（Veracity）和价值大密度低（Value）。

根据来源的不同，大数据大致可分为如下几类。

（1）来自人们在互联网上的活动，以及使用移动互联网过程中产生的各类数据，包括文字、图片、视频等信息；

（2）来自各类计算机信息系统产生的数据，以文件、数据库、多媒体等形式存在，也包括审计、日志等自动生成的信息；

（3）来自各类数字设备所采集的数据，如摄像头产生的数字信号、医疗物联网中产生的人的各项特征值、天文望远镜所产生的大量数据等。

大数据的主要难点并不在于数据量大，因为通过对计算机系统的扩展可以在一定程度上缓解数据量大带来的挑战。其实，大数据真正难以对付的挑战来自数据类型多样（Variety）、要求及时响应（Velocity）和数据的不确定性（Veracity）。数据类型多样使得一个应用往往既要处理结构化数据，同时还要处理视频、语音等非结构化数据，这对现有数据库系统来说是难以应付的；在快速响应方面，在许多应用中时间就是利益；在数据的不确定性方面，数据真伪难辨是大数据应用的最大挑战。追求高数据质量是对大数据的一项重要要求，最好的数据清理方法也难以消除某些数据固有的不可预测性。为了应对大数据带来的上述困难和挑战，以 Google、Facebook、Linkedin、Microsoft 等为代表的互联网企业在近几年推出了各种不同类型的大数据处理系统。借助于新型的处理系统，深度学习、知识计算、可视化等大数据分析技术得以迅速发展，并逐渐被广泛应用于不同的行业和领域。

目前大数据分析应用于科学、医药、商业等各个领域，用途差异巨大，但其目标可以归纳为如下几类。

（1）获得知识与推测趋势。人们进行数据分析由来已久，最初且最重要的目的就是获得知识、利用知识。由于大数据包含大量原始、真实信息，大数据分析能够有效地摒弃个体差异，帮助人们透过现象、更准确地把握事物背后的规律。基于挖掘出的知识，可以更准确地对自然或社会现象进行预测。典型的案例是 Google 公司的 Google Flu Trends 网站，它通过统计人们对流感信息的搜索，查询 Google 服务器日志的 IP 地址判定搜索来源，来发布对世界各地流感情况的预测；又如，人们可以根据 Twitter 信息预测股票行情等。

（2）分析掌握个性化特征。个体活动在满足某些群体特征的同时，也具有鲜明的个性化特征，正如"长尾理论"中那条细长的尾巴那样，这些特征可能千差万别。企业通过长时间、多维度的数据积累，可以分析用户行为规律，更准确地描绘其个体轮廓，为用户提供更好的个性化产品和服务，以及更准确的广告推送。例如，Google 通过其大数据产品对用户的习惯和爱好进行分析，帮助广告商评估广告活动效率，预估在未来可能存在高达数千亿美元的市场规模。

（3）通过分析辨识真相。错误信息不如没有信息，由于网络中信息的传播更加便利，所以网络虚假信息造成的危害也更大。例如，2013 年 4 月 24 日，美联社 Twitter 账号被盗，发布虚假消息称奥巴马总统遭受恐怖袭击受伤，虽然虚假消息在几分钟内被禁止了，但是仍然引发了美国股市短暂跳水。由于大数据来源广泛及其多样性，它在一定程度上可以帮助实现信息的去伪存真，目前人们已开始尝试利用大数据进行虚假信息识别。例如，社交点评类网站 Yelp 利用大数据对虚假评论进行过滤，为用户提供更为真实的评论信息；Yahoo 和 Thinkmail 等利用大数据分析技术来过滤垃圾邮件。

1.3　大数据和小数据

数据技术是一个不断完善的过程，经历了由无数据到小数据、由小数据到大数据的演变。在数据采集、存储、传输、处理、安全等技术环节取得全面突破的前提下，大数据由空想走向理想，由理想走向现实。大数据与小数据判断原则如下。

- 数据的量；
- 数据的种类、格式；
- 数据的处理速度；
- 数据的复杂度。

很多事情在小规模数据的基础上是无法完成的，小数据是对数据价值的全面肯定，它使人类行为摆脱了对经验的依赖，使人类的决策由主观性开始走向客观性，是人类智慧对蒙昧的一次重要胜利。但是小数据不过是人类的权宜之计，随着数据采集技术、存储技术、传输技术、处理技术和安全技术的全面创新，人类正在告别小数据时代，走向大数据时代。大数据相对于小数据，是一种批判式继承，既继承了小数据的优秀，又创造性地开创了全新的大数据范式。大数据时代只是刚刚开启，数据技术尚需进一步完善。从小数据向大数据进化的路径已经清晰，我们需要的仅仅是耐心的等待，在不完善的大数据中去发现问题，最终实现理想中的大数据。我们应该以"未来大数据"看待"现实大数据"，在这个阶段，"谁拥有大数据"比"怎么使用大数据"更重要。

1.4　结构化数据和非结构化数据

在信息社会，信息可以划分为两大类：一类信息能够用数据或统一的结构加以表示，我们称之为结构化数据，如数字、符号；而另一类信息无法用数字或统一的结构表示，如文本、图像、声音、网页等，我们称之为非结构化数据。结构化数据属于非结构化数据，是非结构化数据的特例。

小数据是以"人力为主、机器为辅"的运行模式，在数据的采集、存储、传输和处理中大量地依赖人力资源。因此，小数据在数据类型上，只能采用人类能够识别的文字、图片、声音、视频等结构化数据。但是并不是所有的社会事物都能够通过结构化语言来进行描述的，还存在着大量的非结构化语言。大数据是以"机器为主、人力为辅"的运行模式，计算机等各类数据设备成为数据采集、存储、传输和处理的主体，人力只在模型设计、参数设置、编辑矫正等环节发挥作用。大数据能够处理的数据来源更加广泛[11]，不仅包括结构化数据，而且包括只有机器方能处理的非结构化数据。例如，Cookie 等非结构化数据，是计算机等智能化设备所能处理的数据类型，它们的出现使人类逐渐摆脱了"语言困境"。

随着网络技术的发展，特别是 Internet 和 Intranet 技术的飞速发展，使得非结构化数据的数量日趋增大。这时，主要用于管理结构化数据的关系型数据库的局限性暴露得越来越明显了。因而，数据库技术相应地进入了"后关系型数据库时代"，发展进入基于网络应用的非结构化数据库时代。所谓非结构化数据库，是指数据库的变长记录由若干不可重复和可重复的字段组成，而每个字段又可由若干不可重复和可重复的子字段组成。简单地说，非结构化数据库就是字段可变的数据库，用它不仅可以处理结构化数据（如数字、符号等信息），而且更适合处理非结构化数据（如全文文本、图像、声音、影视、超媒体等信息）。

非结构化 Web 数据库主要是针对非结构化数据而产生的，与以往流行的关系型数据库相比，其最大区别在于它突破了关系型数据库结构定义不易改变和数据定长的限制，支持重复字段、子字段和变长字段，并实现了对变长数据和重复字段进行处理以及数据项的变长存储管理，在处理连续信息（包括全文信息）和非结构化信息（包括各种多媒体信息）中有着传统关系型数据库所无法比拟的优势。

1.5　大数据信息处理技术及其应用

计算机信息处理技术是数据传输、获取、分析、处理的结合体，主要包括计算机技术、通信技术、网络技术和微电子技术等。计算机信息处理技术的类型主要包括信息系统技术、数据库技术和检索技术。信息处理技术是以计算机技术为核心，配合数据库和通信网络技术进行信息分析的技术。其中数据库技术是关键技术，它能将相关信息进行整合，存储有序信息并进行有效的利用。大数据时代同时提供了机遇和挑战，除了诸如计算机病毒、盗版软件，以及对服务器的恶意攻击等这些熟悉的问题，我们还能看到新出现的一些问题，如操纵和篡改他人数据，以及伪造和假冒他人身份等问题。所有这些问题都会降低人们对于互联网的信任，而这样的信任一直以来都是互联网良好服务品质的标志。计算机信息处理技术的进步必须有助于解决这些问题，更加智能的内容感知网络技术将进一步消除这些因素的威胁。

1. 大数据时代下的计算机信息处理技术

（1）DeepWeb 数据感知与获取技术。DeepWeb 技术是网络深层空间技术，其数据具有信息规模大、信息动态变化、分布式和访问方式特殊等特点。DeepWeb 技术充分利用网络空间的数据，进行高质量的数据集成，进而进行数据的抽取和整合。

（2）分布式数据存储。分布式数据存储技术的具体实现是由 Google 提出的 GFS 技术。此技术在 IBM、百度等公司得到了大量的应用和快速发展。分布式数据存储利用的是列存储的概念。列存储是以列为单位进行存储，相比于行存储，具有数据压缩、快循环等优点。当今较流行的技术是行列混合式存储结构，该结构能够快速加载海量数据、缩短查询时间、高效利用磁盘空间等。在研究中，要继续优化数据的分布式存储方法，提高大数据的存储和处理效率。

（3）数据高效索引。Google 提出的 BigTable 技术是目前主流的索引技术，当前的研究热点是聚簇索引和互补式聚簇索引。其中聚簇索引按照索引顺序存储全部的数据结构；而互补式聚簇索引则以多副本为索引列创建互为补充的索引表，同时结合查询结果估算办法，进行最优的数据查询。

（4）基于内容的数据挖掘。基于内容的数据挖掘是指网络搜索技术和实体关联分析。当今的互联网信息搜索的热点是排序学习算法，该算法主要是针对社交媒体的信息提出的。社交媒体的关注数据的特点为短文本特征，排序学习算法正是基于这个特征提出的，常见的排序学习算法主要有逐点、逐对和逐列三种。

（5）遗传算法和神经网络。遗传算法是借鉴生物界的进化规律而演化出的随机化搜索算法，遗传算法的寻优采用概率化，能够自动调整搜索方向。遗传算法技术已经被应用在机器学习、信号处理、物流选址等多个方面。神经网络是受来自生物神经网络结构和运作的启发而提出的，神经网络算法模拟动物运动神经的网络行为，是进行分布式并行信息处理的数学算法。

（6）分类分析和聚类分析。分类分析是指先对数据点进行归类，再确定新的数据点，在明确假设和客观结构的前提下，预测客户行为；而聚类分析，是指在不知道限制因素的前提下，将集合分成若干对象组，然后对对象组进行分析。分类分析和聚类分析主要应用于数据挖掘。

（7）关联规则学习和机器学习。关联规则学习是指在数据处理的过程中，找到数据之间的关联规则；而机器学习则是指研究计算机模拟人类的学习行为，重新组织已有的知识体系，机器学习是人工智能的核心。关联规则学习和机器学习也可用于数据发掘。

（8）数据分析技术。数据分析技术主要包括情感分析、网络分析、空间分析、时域序列分析和回归分析。其中，情感分析是对自然语言进行的主观分析，网络分析是基于网络的特征分析，空间分析是基于拓扑、几何和地理编码技术的统计分析。

（9）可视化技术。为了方便人们对大数据分析结果的理解和沟通，需要使用可视化技术进行创建图片、图表和动画等。Clustergram 是一种典型的可视化技术，其基础是聚类分析，该技术可用于显示数据集的个别成员是如何分配到集群的。

2．大数据时代下计算机信息处理技术的发展方向

（1）计算机网络朝着云计算网络发展。现在的计算机网络构架多以硬件为基础，局限性较大。基于互联网的云是当今的主要技术，计算机网络应正朝着云计算、大数据的方向发展。

（2）计算机技术朝着开放式网络传输的方向发展，通过定义网络构架，将网络信息与硬件分离。

（3）计算机与计算机网络相互融合，成为一体。以后的计算机信息处理技术不再依靠单独的计算机硬件设备，而是靠网络进行连接。只有基于网络技术的计算机信息处理技术才能满足大数据时代的要求。

1.6　大数据技术面临的挑战

大量事实表明，如果大数据未被妥善处理的话，有可能会对用户的隐私造成极大的侵害。根据需要保护的内容不同，隐私保护又可以进一步细分为位置隐私保护、标识符匿名保护、连接关系匿名保护等。人们面临的威胁并不仅限于个人隐私泄漏，还有基于大数据对人们状态和行为的预测。

目前用户数据的收集、存储、管理与使用等均缺乏规范，更缺乏监管，主要依靠企业的自律，用户无法确定自己隐私信息的用途。在商业化场景中，用户应有权决定自己的信息是如何被利用的，实现用户可控的隐私保护。例如，用户可以决定自己的信息在何时、以何种形式被披露，以及何时被销毁，涉及数据采集时的隐私保护，如数据精度处理；数据共享、发布时的隐私保护，如数据的匿名处理、人工加扰等；数据分析时的隐私保护；数据生命周期的隐私保护；隐私数据的可信销毁等。

大数据可信性的威胁之一是伪造或刻意制造的数据，而错误的数据往往会导致错误的结论。若数据应用场景明确，就可能有人刻意制造数据、营造某种"假象"，诱导分析者得出对其有利的结论。由于虚假信息往往隐藏于大量的信息中，使得人们无法鉴别真伪，从而做出错误判断。例如，一些点评网站上的虚假评论混杂在真实评论中，使得用户无法分辨，可能误导用户去选择某些劣质商品或服务。由于当前网络社区中虚假信息的产生和传播变得越来越容易，其所产生的影响不可低估。用信息安全技术手段鉴别所有来源的真实性是不可能的。

大数据可信性的威胁之二是数据在传播中的逐步失真。原因之一是人工干预的数据采集过程可能引入误差，从而导致数据失真与偏差，最终影响数据分析结果的准确性。此外，数据失真还有数据的版本变更的因素，在传播过程中，现实情况发生了变化，早期采集的数据已经不能反映真实情况。例如，餐馆电话号码已经变更，但早期的信息已经被其他搜索引擎或应用收录，所以用户可能看到矛盾的信息而影响其判断。

因此，大数据的使用者应该有能力基于数据来源的真实性、数据传播途径、数据加工处理过程等，了解各项数据的可信度，防止分析得出无意义或者错误的结果。密码学中的数字签名、消息鉴别码等技术可以用于验证数据的完整性，但在应用于验证大数据的真实性时面临很大的困难，主要原因在于数据粒度的差异。例如，数据的发源方可以对整个信息进行签名，但是当信息分解成若干组成部分时，该签名则无法验证每个部分的完整性；而数据的发源方也无法事先预知哪些部分被利用、如何被利用，难以事先为其生成验证对象。

如果要对大数据进行访问控制，也存在一些问题。

首先，难以预设角色，实现角色划分。由于大数据应用范围广泛，它通常会被来自不同组织或部门、不同身份与目的的用户所访问，实施访问控制是基本需求。然而，在大数据的场景下，有大量的用户需要实施权限管理，且用户具体的权限要求未知。面对未知的大量数据和用户，预先设置角色十分困难。

其次，难以预知每个角色的实际权限。由于大数据场景中包含海量数据，安全管理员可能缺乏足够的专业知识，无法准确地为用户指定其可以访问的数据范围，而且从效率角度来讲，定义用户所有授权规则也不是理想的方式。以医疗领域应用为例，医生为了完成其工作可能需要访问大量的信息，但对于数据能否访问应该由医生来决定，不需要管理员对每个医生做特别的配置；但同时又应该能够提供对医生访问行为的检测与控制，限制医生对病患数据的过度访问。此外，不同类型的大数据中可能存在多样化的访问控制需求。例如，在 Web2.0 个人用户数据中，存在基于历史记录的控制；在地理地图数据中，存在基于尺度及数据精度的访问控制需求；在流数据处理中，存在数据时间区间的访问控制需求，等等。如何统一地描述与表达访问控制需求也是一个具有挑战性的难题。

总而言之，大数据技术面临的挑战，主要体现在以下三个方面。

（1）当前的数据量以指数级增长，而大数据处理和分析的能力远远跟不上数据量增长的水平。高效率低成本的存储技术、非结构化和半结构化数据的高效处理技术、大数据去冗降噪技术、数据挖掘和基于大数据的预测分析技术等都有待发展和完善。

（2）大数据中包含了丰富的个人信息，通过整合分析，可以精准判断个人的喜好乃至性格，揭示其行为规律，使个人的隐私信息更加容易暴露。如何在加强数据获取能力的同时，更好地保护个人隐私，是未来大数据研究的一个重大挑战。

（3）大数据使人类对信息掌控的程度相对于过去有了质的提升，从这个意义来看，从信息时代进入大数据时代不同于从机械计算时代进入电子计算时代。因此，我们对于大数据的观念、态度等必须适应新时代的要求。

1.7 大数据服务与信息安全

由于上述挑战的存在，衍生了大数据服务与信息安全这一全新的技术方向，主要包括以下两方面内容。

1．基于大数据的威胁发现技术

由于大数据分析技术的出现，企业可以超越以往的"保护-检测-响应-恢复"模式，更加主动地发现潜在的安全威胁。例如，IBM 推出了名为 IBM 大数据安全智能的新型安全工具，可以利用大数据来侦测来自企业内外部的安全威胁，包括扫描电子邮件和社交网络，标识出明显心存不满的员工，提醒企业注意，预防其泄露企业机密。"棱镜"计划也可以理解为应用大数据方法进行安全分析的成功案例，通过收集各个国家不同类型的数据，利用安全威胁数据和安全分析形成系统方法发现潜在危险局势，在攻击发生之前识别威胁。

相比于传统的技术方案，基于大数据的威胁检测技术具有以下优点。

第一，分析内容的范围更大。传统的威胁检测主要针对的内容为各类安全事件，而一个企业的信息资产则包括数据资产、软件资产、实物资产、人员资产、服务资产和其他为业务提供支持的无形资产。由于传统威胁检测技术的局限性，它并不能覆盖上述六类信息资产，因此所能发现的威胁也是有限的。而通过在威胁检测方面引入大数据分析技术，可以更全面地发现针对这些信息资产的攻击。例如，通过分析企业员工的即时通信数据、电子邮件数据等，可以及时发现人员资产是否面临其他企业"挖墙脚"的攻击威胁；再如，通过对企业的客户部订单数据的分析，也能够发现一些异常的操作行为，进而判断是否危害公司利益。可以看出，分析内容范围的扩大使得基于大数据的威胁检测更加全面。

第二，分析内容的时间跨度更长。现有的许多威胁检测技术都是内存关联性的，也就是说实时收集数据，采用分析技术发现攻击。分析窗口通常受限于内存大小，无法应对持续性和潜伏性的攻击。而引入大数据分析技术后，威胁分析窗口可以横跨若干年的数据，因此发现威胁的能力更强。

第三，攻击威胁的可预测性。传统的安全防护技术或工具大多是在攻击发生后对攻击行为进行分析和归类，并做出响应。而基于大数据的威胁检测，可进行超前的预判，能够寻找潜在的安全威胁，对未发生的攻击行为进行预防。

第四，对未知威胁的检测。传统的威胁检测通常是由经验丰富的专业人员根据企业需求和实际情况展开的，然而这种威胁分析的结果在很大程度上依赖个人经验，同时，分析所发现的威胁也是已知的。而大数据分析的特点是侧重于普通的关联分析，而不是侧重于因果分析，因此通过采用恰当的分析模型，可发现未知威胁。

虽然基于大数据的威胁检测技术具有上述的优点，但是该技术目前也存在一些问题和挑战，主要集中在分析结果的准确度上。一方面，大数据的收集很难做到全面，而数据又是分析的基础，它的片面性往往会导致分析结果的偏差。为了分析企业信息资产面临的威胁，不但要全面收集企业内部的数据，还要对一些企业外的数据进行收集，这在某种程度上是一个大问题。另一方面，大数据分析能力的不足会影响分析的准确性。例如，纽约投资银行每秒会有 5000 次网络事件，每天会从中捕获 25 TB 数据，如果没有足够的分析能力，要从如此庞大的数据中准确地发现极少数预示潜在攻击的事件，进而分析出威胁几乎是不可能完成的任务。

2．基于大数据的认证技术

身份认证是信息系统或网络中确认操作者身份的过程，传统的认证技术主要是通过用户所知的秘密（如口令）或者持有的凭证（如数字证书）来鉴别用户的。这些技术面临如下两个问题。第一，攻击者总能找到方法来骗取用户所知的秘密，或窃取用户持有的凭证，从而通过认证机制的认证。例如，攻击者利用钓鱼网站窃取用户口令，或者通过社会工程学方式接近用户，直接骗取用户所知秘密或持有的凭证。第二，传统认证技术中的认证方式越安全往往意味着用户的负担越重。例如，为了加强认证安全而采用的多因素认证，用户往往需要同时记忆复杂的口令，还要随身携带硬件 USBkey，一旦忘记口令或者忘记携带 USBkey，就无法完成身份认证。为了减轻用户负担，出现了一些生物认证方式，利用用户具有的生物特征，如指纹等，来确认其身份。然而，这些认证技术要求设备必须具有生物特征识别功能，如指纹识别，因此很大程度上限制了这些认证技术的广泛应用。在认证技术中引入大数据分析则能够有效解决这两个问题。基于大数据的认证技术指的是收集用户行为和设备行为数据，并对这些数据进行分析，获得用户行为和设备行为的特征，进而通过鉴别操作者行为及其设备行为来确定其身份。这与传统认证技术中利用用户所知秘密、所持有凭证或具有的生物特征来确认其身份有很大不同。具体地，这种新的认证技术具有如下优点。

首先，攻击者很难模拟用户行为特征来通过认证，因此更加安全。利用大数据技术所能收集到的用户行为和设备行为数据是多样的，可以包括用户使用系统的时间、经常采用的设备、设备所处物理位置，甚至是用户的操作习惯数据。通过这些数据的分析能够为用户勾画出一个行为特征的轮廓，而攻击者很难在方方面面都模仿用户行为，因此与真正用户的行为特征轮廓必然存在一个较大的偏差，致使无法通过认证。

其次，减小了用户负担。用户行为和设备行为的特征数据采集、存储和分析都是由认证系统完成的，相比于传统的认证技术，极大地减轻了用户的负担。

最后，可以更好地支持各系统认证机制的统一。基于大数据的认证技术可以让用户在整个网络空间采用相同的行为特征进行身份认证，而避免因不同系统采用不同认证方式，且用户所知秘密或所持有凭证也各不相同而带来的种种不便。

虽然基于大数据的认证技术具有上述优点，它也存在一些问题和挑战亟待解决。

首先是初始阶段的认证问题。基于大数据的认证技术是建立在大量用户行为和设备行为数据分析的基础上的，而初始阶段不具备大量数据，因此，在初始阶段无法分析出用户行为特征，或者分析的结果不够准确。

其次是用户隐私问题。基于大数据的认证技术为了获得用户的行为习惯，必然要长期、持续地收集大量的用户数据。那么如何在收集和分析这些数据的同时，确保用户隐私也是亟待解决的问题，这也是影响这种新的认证技术是否能够推广应用的主要因素。

1.8　本章小结

随着计算机网络用户数量的增长，每天都产生上万亿 GB 的数据，大数据时代已经到来，这是过去几十年计算机领域没有预见的，给计算机信息处理技术带来了新的挑战和机遇。本章着重介绍了大数据相关的基础知识，给出大数据的定义，辨析其与"小数据"的区别以及结构化数据和非结构化数据的区别，介绍了大数据时代下计算机信息处理的研究热点及大数据安全等内容。

参 考 文 献

[1]　耿冬旭．"大数据"时代背景下计算机信息处理技术分析[J]．网络安全技术与应用，2014（1）:19-19.

[2]　张允壮，刘戟锋．大数据时代信息安全的机遇与挑战：以公开信息情报为例[J]．国防科技，2013，34（2）:6-9.

[3]　童应学，吴燕．计算机应用基础教程[M]．武汉：华中师范大学出版社，2010.

[4]　金懿．大数据下的广告营销战略发展趋势[J]．中国传媒科技，2013（14）:33-34.

[5] Manyika J,Chui M,Brown B,Bughin J,Dobbs R,et al.Big data: The next frontier for innovation, competition, and productivity [EB/OL].http://www.mckinsey.com/insights/business_technology/big_data_the_next_frontier_for_innovation,2016-05-01.

[6] Li G．Research Status and Scientific Thinking of Big Data[J]．Bulletin of Chinese Academy of Sciences，2012.

[7] Wang YZ，Jin XL，Cheng XQ．Network big data: Present and future [J]．Chinese Journal of Computers，2013，36（6）:1125–1138.

[8] Arthur WB．The second economy [EB/OL]．http://www.images-et-reseaux.com/sites/default/files/medias/blog/2011/12/the-2ndeconomy.pdf，2016-05-01.

[9] 李国杰，程学旗．大数据研究：未来科技及经济社会发展的重大战略领域[J]．中国科学院院刊，2012，27（6）:647-657.

[10] 程学旗，靳小龙，王元卓，等．大数据系统和分析技术综述[J]．软件学报，2014（9）:1889-1908.

[11] 王成文．数据力："大数据"PK"小数据"[J]．中国传媒科技，2013（19）: 67-70.

[12] 王建民，丁贵广，朱好晴．一种基于云计算环境的非结构化数据的管理方法 [P]．CN: 102012912A．2011.

[13] 庄晏冬.智能信息处理技术应用与发展[J].黑龙江科技信息，2011.

[14] 耿冬旭．"大数据"时代背景下计算机信息处理技术分析[J]．网络安全技术与应用，2014（1）:19.

[15] 冯潇婧．"大数据"时代背景下计算机信息处理技术的分析 [J]．计算机光盘软件与应用，2014(5):105.

[16] 艾伯特拉斯洛，巴拉巴西，著．爆发：大数据时代预见未来的新思维．马慧，译．北京：中国人民大学出版社，2012.

[17] 邹捷．大数据技术发展研究综述[J]．科技风，2014（14）:258-259.

[18] 冯登国，张敏，李昊．大数据安全与隐私保护[J]．计算机学报，2014，37（1）:246-258.

第 2 章

数据信息挖掘技术基础

2

2.0 引　言

　　目前的网络通信发展，正如邬贺铨院士所言，已经进入了大数据、智慧城市、物联网、移动互联网和云计算时代。大数据提升了决策智能化水平，成了两化融合的抓手，大数据用于社会管理和民生服务将创造出显著社会效应，大数据对中国既是机遇也是挑战，全社会都需要重视和挖掘大数据的应用。

　　网络通信的飞速发展及其广泛应用，使得企业、政府部门和其他各种形式的组织积累了大量的数据。过去简单的查询、统计技术仅仅能对数据进行基本的处理，不能进行更高层次的分析，无法自动和智能地将待处理的数据转化为有用的知识。数据挖掘正是在这样的背景之下得到广泛重视和深入研究并取得重大进展的重要研究领域。数据挖掘是一个从数据中提取隐含在其中的、人们事先不知道的、具有潜在价值的知识的过程，被称为未来信息处理的骨干技术之一。目前，数据挖掘不仅被许多研究人员看作模式识别及机器学习等领域的重要研究课题之一，而且被许多产业界人士看作一个能带来巨大回报的重要研究领域。数据是相当庞杂的，但是从中发现的模式、知识却是非常有意义的，并能产生一定的经济效益。

　　随着信息技术应用的广泛深入，特别是电子扫描枪、条码技术、图像识别技术、管理信息系统、数据库系统的普遍使用，人们产生和收集数据的能力迅速提高。在日常的生活及管理过程中，大量的数据已经存储在科研机构、企业、政府、银行等各个领域的信息系统中，并呈现出了爆炸式的增长。然而与此形成鲜明对比的是人们进行数据处理和数据分析的能力非常有限，互联网的飞速发展更加加剧了"数据爆炸，知识匮乏"的趋势，数据挖掘就是在这样的背景下得到广泛重视并且被深入研究、逐步取得一定进展的重要研究领域。

　　数据挖掘（Data Mining）是一个多学科交叉的研究领域，它融合了数据库（Database）、机器学习（Machine Learning）、人工智能（Artificial Intelligence）、知识工程（Knowledge Engineering）、统计学（Statistics）、面向对象方法（Object-Oriented Method）、高性能计算（High-Performance Computing）、信息检索（Information Retrieval），以及数据可视化（Data Visualization）等技术领域的研究成果。经过十几年的研究，产生了许多新概念和新方法，一些基本概念和方法趋于稳定和清晰，其研究正向更深入的多学科交叉方向发展。

　　数据挖掘之所以被称为未来信息处理的骨干技术之一，主要在于它正以一种全新的概念改变着人类利用数据的方式。在 20 世纪，数据库技术取得了重大的成果并且得到了广泛的应用。但是，数据库技术作为一种基本的信息存储和管理方式，仍然以联机事务处理为核心应用，缺少对决策、分析、预测等高级功能的支持机制。众所周知，随着硬盘存储容量的激增，以及磁盘阵列的普及，数据库容量增长迅速，数据仓库（Data Warehouse）和新型数据源的出现，联机分析处理（On-line Analytic Processing）、决策支持（Decision Support）、分类（Classification）、聚类（Clustering）等复杂应用成为必然。面对这样的挑战，数据挖掘和知识发现（Knowledge Discovery）技术应运而生，并显现出强大的生命力。数据挖掘和知识发现使数据处理技术进入了一个更加高级的阶段，它不仅能对过去的数据进行查询，而且能够找出过去数据之间的潜在联系，进行更高层次的分析，以便更好地做出决策、预测未来的发展趋势，等等。通过数据挖掘，有价值的知识、规则或更高层次的信息就能够从数据库的相关数据集合中抽取出来，从而使大型数据库作为一个丰富、可靠的资源，为知识的提取提供服务。

　　麻省理工学院的《科技评论》杂志提出：在未来几年将对人类产生重大影响的新兴技术，数据挖掘处在第三的位置。数据挖掘技术一开始就是面向应用的。由于现在各行各业的业务操作都向着流程自动化的方向发展，在企业的内部产生了大量的业务数据。一般来说，这些业务数据是由于商业运作而产生的，企业收集了大量的业务数据后却不知道该如何分析这些数据，不知道这些数据背后隐含了哪些知识，对企业的决策能起到什么样的作用。因此，数据挖掘的应用成为高层次数据分析和决策支持的基础。在很多领域，尤其是电信、银行、交通、保险、零售等商业领域，数据挖掘成了研究与应用的重点；在分析生物学、天文学等科学研究方面，数据挖掘也体现出相对的技术优势。

　　数据挖掘技术在美国银行和金融领域应用广泛。金融事务需要收集和处理大量数据，对这些数据进行分析，可以发现潜在的客户群、评估客户的信用等。例如，美国的银行使用数据挖掘工具，可以根据消费者的家庭贷款、赊账卡、储蓄、投资产品等，将客户进行分类，进而预测何时向哪类客户提供什么样的产品。另外，近年来数据挖掘在信用卡积分的相关应用和研究方面也取得了很多进展。数据挖掘也可以应用在金融投资方面，典型的金融分析领域有投资评估和股票交易市场预测，分析的方法一般采用模型预测法（如统计回归技术或者神经网络）。这方面的系统有"精确股票选择系统"和"LSB 资本管理系统"，前者的任务是使用神经网络模型选择投资，后者则使用了专家系统、神经网络和基因算法技术辅助管理多达 6 亿美元的有价证券。

数据挖掘还可以应用在甄别欺诈方面。银行以及其他商业领域经常发生欺诈行为，如恶意透支、恶意欠费等，这方面应用非常成功的系统有 FALCON 和 FAIS 系统。FALCON 是 HNC 公司开发的信用卡欺诈估测系统，它已经被很多银行用于探测可疑的信用卡交易；FAIS 是一个用于识别与洗钱有关的金融交易系统，它使用一般的政府数据表单，采用数据挖掘技术进行分析。

数据挖掘技术在电信行业也得到了广泛的应用，这些应用可以帮助电信企业制定合理的电话收费和服务标准、针对客户群的优惠政策、防止费用欺诈等。比如 IBM 公司就利用其软硬件技术，包括数据挖掘技术为电信行业提供了一整套的商业智能解决方案，在市场业务发展分析、竞争分析、客户分析、客户关系管理，以及市场策略、综合决策分析等方面提供了很好的支持。

近年来，数据挖掘也开始应用到了尖端科学的探索中。数据挖掘在生物学上的应用主要集中在分子生物学，特别是基因工程的研究上。近几年来，生物分子序列分析方法，尤其是基因数据库搜索技术已经在基因研究中做出了许多重大的发现。比如，序列分析被认为人类征服顽疾的最有前途的攻关课题，但是，序列的构成是千变万化的，数据挖掘技术的应用可以为发现特殊疾病隐藏的基因排列信息等提供新的解决方法。数据挖掘在分子生物学上的应用可以大致分为两种：一种是从各种生物体的 DNA 序列中定位出具有某种功能的基因串；另一种是在基因数据库中搜索与某种蛋白质相似的高阶结构，而不仅仅是简单的线性结构。

数据挖掘在天文学上有一个非常著名的应用系统——SKICAT，它是加州理工学院喷气推进实验室与天文科学家合作开发的用于帮助天文学家发现遥远的类星体的一个工具。SKICAT 的任务是构造星体分类器对星体进行分类，使用了决策树方法构造分类器，结果使得能分辨的星体较以前的方法在亮度上要低一个数量级之多，而且新的方法要比以往方法的效率高 40 倍以上。

随着网络上需要进行存储和处理的敏感信息日益增多，安全问题逐渐成为网络和系统的首要问题，信息安全的概念和实践不断深化和扩展。现代信息安全的内涵已经不仅仅局限于信息的保护，而是对整个信息系统的防御和保护，包括对信息的保护、检测、反应和恢复能力等。传统的信息安全系统概括性差，只能发现模式规定的、已知的入侵行为，难以发现新的入侵行为。人们希望能够对审计数据进行自动的、更高抽象层次的分析，从中提取出具有代表性、概括性的系统特征模式，以便减轻人们的工作量，并且能够自动发现新的入侵行为。数据挖掘正是具有这一个功能的一种特定技术，它可以对大量的数据进行智能化的处理，提取出人们感兴趣的信息。利用数据挖掘、机器学习等智能方法作为入侵检测的数据分析技术，可以从大量的安全事件数据中提取出尽可能多的隐藏安全信息，抽象出有利于进行判断和比较的与安全相关的普遍特征，从而能够发现未知的入侵行为。这样，利用数据挖掘技术可以以一种自动和系统的手段建立一套自适应的，并且具备良好扩展性的入侵检测系统，克服了传统入侵检测系统的适应性和扩展性差等缺点，大大提高了检测和响应的效率和速度。因此，将数据挖掘应用于入侵检测已经成为一个研究的热点。

2.1　信息挖掘技术概述

2.1.1　信息挖掘定义

从商业角度看，信息挖掘是一种新的商业信息处理技术，按照企业既定的业务目标，通过对数据进行微观、中观乃至宏观的统计、分析、综合和推理，发现数据间的关联性、未来趋势，以及一般性的概括知识等，这些知识性的信息可以用来指导高级商务活动。

从技术角度看，信息挖掘常常和数据挖掘（Data Mining，DM）和知识发现（Knowledge Discovery in Database，KDD）联系在一起。关于 KDD 和 DM 的关系，许多人持有不同的看法。有专家认为，KDD 是数据挖掘的一个特例，这是早期比较流行的一个观点，数据挖掘就是从数据库、数据仓库及其他数据存储方式中挖掘有用知识的过程，这种描述强调了数据挖掘在源数据形式上的多样性。也有专家认为，数据挖掘是 KDD 过程的一个步骤。1996 年出版的权威论文集《知识发现与数据进展》中，Fayyd 和 Smyth 给出了 KDD 和数据挖掘的最新定义，这种观点得到大多数学者的认同：KDD 是从数据中辨别有效的、新颖的、潜在有用的、最终可理解的模式的过程；数据挖掘是 KDD 中通过特定的算法在可接受的计算效率限制内生成特定模式的一个步骤。此外还有人认为，KDD 与数据挖掘含义相同。事实上，在现今的文献中，许多场合，如技术综述等，这两个术语仍然不加区分地使用着。

2.1.2　信息挖掘应用

1．信息挖掘与 CRM

客户关系管理（Customer Relationship Management，CRM）是指对企业和客户之间的交互活动或行为进行管理的过程，其核心是通过对客户及其行为的有效数据进行收集，发现潜在的市场和客户，从而获得更高的商业利润。信息挖掘能够帮助企业确定客户的特点，使企业能够为客户提供有针对性的服务。因此把信息挖掘和 CRM 结合起来进行研究和实践，是一个有很大应用前景的工作。

近年来，信息挖掘已经应用到 CRM 的实践中，成为解决商业分析问题的典范，包括：数据库营销、客户群体划分、客户背景分析、交叉销售、客户流失性分析、客户信用计分、欺诈发现等，其中信息挖掘的突出表现如下。

获得新客户：传统的获得客户途径一般包括媒体广告、电话行销等，这些初级的促销方法是盲目的、昂贵的。信息挖掘可以帮助我们改变这种被动的局面，通过信息挖掘可以针对不同消费群体的兴趣、消费习惯、消费倾向和消费需求等进行促销，提高营销效果，为企业带来更多的利润。

留住老客户：调查表明，挽留一个老客户要比获得一个新客户的成本低得多，因此保持原有客户对企业来说就显得越来越重要。信息挖掘可以把所掌握的大量客户分成不同的类型，完全可以做到给不同类型的客户提供不同的服务，提高客户的满意度。

交叉销售：交叉销售是指企业向原有客户销售新产品或服务的过程。对于原有客户，企业可以比较容易地得到关于这个客户或同类客户的职业、家庭收入、年龄、爱好以及过往购买行为等信息。信息挖掘可以帮助寻找影响客户购买行为的因素，预测客户的下一个购买行为等。

2．信息挖掘与社交网络

社交网络思想主要源于社交结构学说，20 世纪 70 年代新哈佛学派出现后，社交网络的概念日渐成熟，出现了比较规范的社交网络的概念、命题和模型。20 世纪 90 年代以来，社交网络的研究出现新的高潮，吸引众多领域的专家和学者参与，形成了一个新的交叉学科。进入 21 世纪，计算机和互联网的发展、普及，导致社交网络的研究向更深层次推进。有三个方面值得关注：第一，社交网站、微博等新型社交方式的发展会衍生出新的问题；第二，信息挖掘、云计算及大数据技术等的发展为社交网络的数据分析提供了更强的技术支撑；第三，信息科学与社会学的融合交叉，已经成为新的研究热点。

信息挖掘作为智能化的数据分析手段，和社交网络的分析有很大的应用空间重合度。一方面，可以利用已有的信息挖掘方法和算法分析社会性数据，发现有价值的社会现象和规律；另一方面，社交网络的应用也对信息挖掘提出新的研究课题和内容。信息挖掘与社交网络的交叉研究不仅应该在应用层面上，还隐含着许多理论和模型问题。新的社会问题或者社会形态需要新的信息挖掘技术来支撑，这就构成了这种研究的理论和应用价值。

3. 信息挖掘与医疗

医疗数据的挖掘意义是非常大的，但也是比较困难的，这主要是由医疗数据的特点决定的。

首先，医疗数据具有异构性。医疗数据类型是多样化的，它包括了记录各种病情检验的数值型数据，也有各种诊断图像、医生和护士记录病情的文字，甚至有诊断的语音、视频等，类型较多。这些对基于云计算的阅读数据和计算数据而言，加大了知识发现的难度，同时对数据挖掘的算法而言也提高了难度。

其次，医疗数据具有海量性的特点。病人数量的不断增加，同一病人的病情观察、纷繁复杂的医疗检查结果、护理过程的监控，这些都导致医疗数据非常巨大，尤其是分辨率越来越大的现代医学检查设备的使用，产生了越来越多的数据。

再次，医疗数据具有复杂性。医疗数据混合了文字、图形等非数值型数据，使得数据挖掘人员并不能很好地找到可以反映数据间联系的模型；诊断的主观性也难以发掘知识；病名概念的不规范性，重要的别名，也将影响挖掘的质量。

基于云计算的医疗数据挖掘一般采用分布式并行数据挖掘与服务的模式，一方面对于同一个算法可以分布在多个节点上，另一方面多个算法之间是并行的，多个节点的计算资源可以按需分配，而且这种分布式计算的模型采用的是云计算模式。

基于云计算的医疗大数据挖掘应用主要包括以下几类。

（1）医学图像诊断：医学领域中越来越多地使用图像作为疾病诊断的工具，现实的情况是不同的诊断医师往往对同一个影像诊断出不同的结果，所以通过这种云计算的医学图像的分析挖掘是基于海量图像的，其结果更有权威性和科学性，更能保证诊断结果的正确性。

（2）临床决策支持系统：基于云计算的大数据分析技术将对各个医疗机构的数据进行数据分析、数据挖掘，这些海量的医学数据将使挖掘的结果更准确、更客观。既可以通过挖掘医疗文献数据建立医疗专家数据库，也可以通过对图像分析和医疗影像数据的分析建立图像分析数据库，这些都会给医生提出诊疗建议，从而提高诊疗的效率。

（3）促进公众健康：基于云计算的医疗大数据分析能够快速检测传染病，并进行全面的疫情监测和评估，以便做出积极的应对措施。相关部门可以通过覆盖全国的医院信息系统，对一些流行病、传染病进行实时监控，这样不但能减少医疗部门的支出，还可以提高公众健康风险意识。

基于云计算的医疗大数据挖掘是非常有意义的，虽然一些医疗数据异构性和数据缺失会对数据挖掘的结果有一点影响，但是随着云计算技术和数据挖掘技术的发展，基于云计算的医疗大数据挖掘将会给人类带来更大的价值。

4．信息挖掘与物流

物流企业中客户信息量大、地域分布广，物流服务项目市场竞争激烈。业务交易服务数据包含了核心优质客户的关键信息，有效地利用该数据对物流企业至关重要。所以，寻找影响物流客户购买行为决策的关键因素，关注和跟踪关键性联系，改进物流客户服务方案，才能在留住老客户的同时吸引新客户。然而，要想达到此目的，数据挖掘的关联分析必不可少。例如，配送路径问题在很大程度上影响着物流企业的配送效率，为了提高服务水平、降低货运费用，物流配送过程中需要考虑车辆的路径问题，也就是为特定车辆确定特定的客户路径；还要考虑到车辆的利用能力，需要充分考虑企业的运输成本；另外，就车辆的运输能力而言，还需要考虑到货品的规格，以及利润价值的大小等问题。

确定数据挖掘目标后，需要选择合适的数据挖掘技术，并不断迭代挖掘，以找出数据集中隐藏的、新颖的模式。建立挖掘模型以后，就可以对已经转换的数据进行挖掘操作，除了需要进一步进行挖掘，基本上都是自动完成的。挖掘建模的过程包括确定学习算法和算法参数等。不同的分析方法和挖掘工具有其独有的特征和使用范围，例如，客户分析需要定性与对比的应用，合理安排货品的仓储位置需要关联分析的应用，物流中心的选择需要分类与预测的应用，市场预测需要聚类分析的应用，优化配送路径需要演化分析的应用。

物流信息系统已经能够初步满足物流企业信息多样化、集成化的需要，但由于底层数据库中的数据越来越庞大，对物流信息系统中各个模块进行数据挖掘需求分析，而且这些信息对企业分析，以及诊断物流业务运行中存在的问题和状况很有价值，因此需要应用数据挖掘技术来实现物流信息系统的优化，以达到实时处理、优质服务、节省空间、控制库存和优化规模的目的。

5．信息挖掘与互联网金融

金融服务业自诞生起就是基于数据的产业，它对大数据挖掘天生存在着迫切的需求。例如，股价的预测离不开对历史数据的分析，银行业务的创新离不开对客户数据的分析。

传统金融业的数据主要来源于传统银行所掌握的客户资料、信贷交易信息等，但这种数据显然是不全面的。而互联网社交媒体的崛起，恰恰提供了海量的数据素材。例如，通过社交媒体（如微博、微信、Facebook 等）可以获取用户的社交圈、兴趣爱好、社会地位等；通过电商平台（如淘宝、天猫、京东）可以获取消费者的购买偏好、消费水平、交易信息，网商的交易动态、信用信息、客户评价等；通过消费点评类网站（如大众点评网、口碑网）可以获取消费者评价、商户口碑、经营条件等。这些看似没有关联的海量数据，可以通过大数据挖掘技术，找出内在规律，为金融创新提供依据，从而创造出更大的商业价值。

大数据融资主要分为电子商务平台融资和供应链融资，这两种模式将传统的抵押贷款模式转化为以大数据挖掘贷款人行为轨迹形成的信用数据为依据的信用贷款模式，这样不仅有利于降低融资门槛和成本，而且可以提高资金周转和使用效率。

电子商务平台融资主要是指企业通过在平台上大量积累的交易数据，形成基于大数据的金融平台来分析整合金融风险及产品创新服务，其中以阿里巴巴为典型代表。阿里巴巴依托自有的电商平台，积累了包含每一个买家和卖家行为轨迹的海量数据，以及个人的信息和数据（购物偏好、消费习惯、店铺交易信息等），通过打通包括阿里巴巴、淘宝、天猫、支付宝的底层数据，将交易数据、客户评价数据、货运数据、认证信息等进行量化分析审核，根据贷款申请人网上交易的活跃程度、投资及回报情况等进行风险评估，判断申请人的风险等级。通过产品创新，阿里巴巴发展了多种业务，包括支付宝、阿里小额贷款、货币基金"余额宝"及保险服务，逐步渗透传统银行的"存、贷、汇"三大核心业务："支付宝"打通了从"电子商务"到"汇"的通道，"阿里小额贷款"实现了从"汇"到"贷"的转变，"余额宝"成功突破了从"汇"到"存"的限制。这与传统银行业务形成了巧妙的互补。

供应链融资主要是在海量交易的大数据基础上，以行业龙头企业为主导，以信息提供方或担保方的方式，与银行等金融机构合作，对产业链上下游的企业提供融资。这种 B2P（Business-to-Peer）网络融资方式主要基于大数据和云计算技术，具有"金额小、效率高、成本低、借贷活"的特点，其典型代表是京东商城、苏宁的供应链融资模式。

京东供应链融资平台依托京东商城的电子数据渠道（供应商评价系统、结算系统、票据处理系统及银企互联系统等），掌握供应商的信用轨迹并据此以信息提供方或担保方的身份与商业银行合作，向供应商提供订单融资、入库单融资、应收账款融资和委托贷款融资四类融资产品，从而帮助供应商获得银行的资金支持。同时，京东商城通过供应商的采购、入库、销售、结算、财务等数据对客户资信能力进行评估和审核，以此强化风险防控措施，帮助供应商实现融资，不仅解决了供应链上的小微企业融资难的问题，同时带动了京东的发展。京东目前正准备将大数据金融服务推广到京东生态圈以外的领域。

6．信息挖掘与其他

（1）资本市场（特别是投资组合）是大数据的主要用武之地。为了给交易者提供准确、及时的预测，大数据挖掘是最佳工具。在资本市场中，交易需求驱动了对更加准确的交易信息和趋势预测的量化要求，同时内部的风险控制和监管的压力也需要更加准确、透明的信息。例如，可以利用微博上的海量数据分析出人们的共同情绪，从而预测他们的投资行为及股价的走势。高频交易和算法交易是大数据挖掘在资本市场的典型应用。

（2）保险市场对大数据挖掘的应用将从聚焦于高风险用户细分市场中的欺诈检测和亏损防堵转移到基于顾客行为的风险数据挖掘，并最终实现科学的差异化定价决策。例如，汽车保险公司根据违章记录等数据来挖掘驾驶者的行为习惯，从而对保险费用进行定价；利用相关技术分析理赔数据，将疑似欺诈和高风险的保单与低风险的保单区分开，从而避免数百万的保险欺诈，加快保单处理速度。

（3）教育领域数据存量庞大，大数据时代脚步逐渐来临，教育领域的各类学习管理系统中学习信息和学生信息也逐渐增多。随着科学技术和现代网络的不断发展，大数据时代越来越多地被人们提起，被推向人们的视野焦点。这些数据和信息的利用，将在很大程度上影响学习、知识信息传递，以及教学决策和学习相关优化服务等重要方面，逐渐演变成教育工作者和学习者最为关注的内容。从学生方面来说，学习分析技术可在了解学生学习现状之后，通过分析学生数据，找出相关问题，对学生的学习过程进行优化，帮助学生培养良好的学习习惯，从而达到学生自我学习的目的。从教师及管理人员方面来说，学习分析技术可以评估教学课程和相关机构，帮助同步改善学校既定考核方式，深入分析教学数据，为教师帮助学生解决实际问题指明教学不足和更优方法。从研究人员方面来说，学习分析技术是一种研究学生和网络学习的有效工具。从技术开发人员方面来说，学习分析技术管理系统各模块的不同使用频次和路径能有效指导系统界面的相关优化设计，并可以完善系统日志相关管理功能。

（4）传媒方面，大众收看媒体节目的方式也已经发生了巨大变化，传统用户通过广播方式观看，而现在越来越多的用户通过互联网、手机或移动终端观看，用户的信息渐渐已经不再是不可知的，而是通过各种交互越来越清晰地形成了庞大的用户信息数据。媒体的内容经营也将快步进入大数据时代，大数据时代将为媒体在改善用户体验、提高门户的转化率、加强产品的黏性、挖掘市场潜在的需求、丰富内容制作的选题和素材等诸多方面带来收益。

2.1.3　信息挖掘前景

经过十几年的研究和实践，信息挖掘技术已经吸收了许多学科的最新研究成果，从而形成了独具特色的研究分支。毋庸置疑，信息挖掘的研究和应用具有很大的挑战性，像其他新技术的发展历程一样，信息挖掘也必须经过概念的提出、概念的接受、广泛研究和探索、逐步应用及大量应用等阶段。从现状来看，大部分学者认为信息挖掘的研究仍然处于广泛研究和探索阶段。一方面，信息挖掘的概念已经被广泛接受，在理论上，一批具有挑战性和前瞻性的问题被提出，吸引了越来越多的研究者；另一方面，信息挖掘的大面积广泛应用还有待时日，需要更深入的研究积累和丰富的工程实践。

随着信息挖掘的概念在学术界和工业界的影响越来越大，信息挖掘的研究向着更深入和更实用的技术方向发展，目前信息挖掘在以下几个方面需要重点开展工作。

（1）信息挖掘技术与特定商业逻辑的平滑集成问题。谈到信息挖掘技术，人们大多引用"啤酒与尿布"的例子。事实上，关于信息挖掘，目前的确很难找到其他经典的例子来证明。信息挖掘技术的广阔应用前景需要有效和显著的应用实例来证明，因此包括行业知识对行业或企业信息挖掘的约束与指导、商业逻辑有机嵌入信息挖掘过程等关键课题，将是未来信息挖掘技术研究和应用的重点方向。

（2）信息挖掘技术与特定数据存储类型的适应问题。不同的数据存储方式会影响数据挖掘的具体实现机制、目标定位和技术有效性。通过一种通用的应用模式适合所有的数据存储方式下的知识发现是不现实的，因此针对不同数据存储类型的特点，进行针对性研究是目前流行，也是将来一段时期内需要面对的问题。

（3）大型数据的选择和正规化问题。信息挖掘技术是面向大型数据集的，而且源数据库中的数据是动态变化的，数据存在噪声、不确定性、信息丢失、信息冗余、数据分布稀疏等问题，因此挖掘前的预处理工作是必需的。信息挖掘技术又是面向特定商业目的的，大量数据需要选择性地利用，因此针对特定挖掘问题进行数据选择、针对特定挖掘方法进行数据正规化是无法回避的问题。

（4）信息挖掘系统的架构和交互式挖掘技术。经过多年的探索，虽然数据挖掘系统的基本架构和过程已经趋于明朗，但是受应用领域、挖掘数据类型及知识表达模式等的影响，在具体的实现机制、技术路线及各阶段或部件的功能定位等方面仍需细化和深入研究。由于信息挖掘是在大量源数据集中发现潜在的、事先并不知道的知识，因此和用户进行交互式、探索性挖掘是必然的。这种交互可能发生在信息挖掘的各个不同阶段，从不同的角度或程度进行交互，所以良好的交互式挖掘也是信息挖掘系统成功的前提。

（5）信息挖掘语言与系统的可视化问题。对于在线事务处理（Online Transaction Processing，OLTP）应用来说，结构化查询语言 SQL 已经得到充分发展。然而对于信息挖掘技术而言，由于诞生较晚，加之它相比 OLTP 应用的复杂性，开发相应的操作语言仍然是一件富有挑战性的工作。可视化已经成为目前信息处理系统中必不可少的技术，可视化挖掘除了需要良好的交互式技术外，还必须在挖掘结果或知识模式的可视化、挖掘过程的可视化，以及可视化指导用户挖掘等方面进行探索和实践。

（6）信息挖掘理论与算法研究。信息挖掘在继承和发展相关基础学科成果方面取得了许多进步，探索出了许多独具特色的理论体系，但是这绝不意味着挖掘理论的探索已经结束，恰恰相反，它留给了研究者丰富的理论课题。新理论的发展必然促进新的挖掘算法产生，这些算法可能扩展挖掘的有效性、提高挖掘的精度、融合特定的应用目标，因此对数据挖掘理论和算法的探讨将是长期而艰巨的任务。

2.2　数据关联分析

2.2.1　数据关联分析定义

关联分析是数据信息挖掘领域最活跃的研究方法之一，最早由 Agrawal 等人于 1993年提出，其目的是发现交易数据库中不同商品之间的联系规则，这些规则刻画了顾客购买行为模式，可以用来指导企业科学地安排进货、库存及货架设计等，最著名的例子就是"啤酒和尿布"。关联规则在其他领域也得到了广泛讨论，如医学研究人员希望从已有的病例中找出某种特定疾病的共同特征，从而为治愈这一疾病提供帮助。

数据关联分析中常用的概念如下。

（1）项集：在关联分析中，包含 0 个或者多个项目的集合称为项集。如果一个项集包含 k 个项，则称为 k-项集。事务数据库 D 中的每个事务都对应项集 I 上的一个子集。

（2）支持度：支持度用来确定项集 $I_1 \in I$ 在数据集 D 中的频繁程度，即包含 I_1 的事务在 D 中所占的比例。

$$support(I_1) = \frac{\{t \in D \mid I_1 \subseteq t\}}{D}$$

（3）频繁项集：对项集 I 和事务数据库 D，T 中所有满足用户指定的最小支持度的项集称为频繁项集。

（4）置信度：一个定义在项集 I 和事务数据库 D 上的，形如 $I_1 \Rightarrow I_2$ 的关联规则的置信度，是指包含 I_1、I_2 的事务数和包含 I_1 的事务数之比，即：

$$confidence(I_1 \Rightarrow I_2) = \frac{support(I_1 \bigcup I_2)}{support(I_1)}$$

式中，I_1、$I_2 \in I$，$I_1 \bigcup I_2 \neq \varnothing$。

一般来说，给定一个事务数据库，关联分析就是通过用户定义的最小支持度和最小置信度来寻找强关联规则的过程。关联分析可以划分为两个子问题：发现频繁项集和生成关联规则。相对于第一个子问题而言，第二个子问题相对简单，其算法改进空间不大。频繁项集的发现是近年来关联分析挖掘算法的研究重点。

2.2.2　数据关联分析主要方法

1. 频繁项集发现算法

经典的频繁项集发现算法是 Apriori 算法，它使用频繁项集的先验知识逐层迭代搜索，即 k-项集用于探索$(k+1)$-项集，直到不能再找到任何频繁 k-项集。其核心过程如下。

Step 1：扫描数据库，生成候选 1-项集和频繁 1-项集。

Step 2：从 2-项集开始循环，由频繁$(k-1)$-项集生成频繁 k-项集。

Step 2.1：频繁$(k-1)$-项集生成两项子集，这里的两项指生成的子集中有两个$(k-1)$-项集。

Step 2.2：对由 Step 2.1 生成的两项子集中的两个项集根据连接步进行连接，生成 k-项集。

Step 2.3：对 k-项集中的每个项集根据剪枝步进行计算，舍弃掉子集不是频繁项集（即不在频繁$(k-1)$-项集中）的项集。

Step 2.4：扫描数据库，计算 Step 2.3 中过滤后的 k-项集的支持度，舍弃支持度小于阈值的项集，生成频繁 k-项集。

Step 3：当前生成的频繁 k 项集中只有一个项集时循环结束。

其中的连接步和剪枝步如下。

连接步：若有两个$(k-1)$-项集，每个项集按照"属性-值"（一般按值）的字母顺序进行排序，如果两个$(k-1)$-项集的前 $k-2$ 个项相同，而最后一个项不同，则证明它们是可连接的，即这个$(k-1)$-项集可以连接生成 k-项集。

剪枝步：若一个项集的子集不是频繁项集，则该项集肯定也不是频繁项集。

目前，几乎所有高效地发现关联规则的并行挖掘算法都是基于 Apriori 算法的，Agrawal 和 Shafer 提出了三种并行算法：计数分发（Count Distribution）算法、数据分发（Data Distribution）算法和候选分发（Candidate Distribute）算法。

2. 关联规则生成算法

在得到了所有频繁项集后，可以按照下面的算法生成关联规则。

（1）对于每一个频繁项集 L，生成其所有非空子集。

（2）对于 L 的每一个非空子集 x，计算 confidence(x)，如果 confidence(x) ≥ minconfidence，那么 x→($L-x$)成立。

2.3　数据聚类分析

2.3.1　数据聚类分析概念

聚类是人类的一项基本认识活动，它将数据对象分成多个类或簇，划分的原则是在同一个簇中的对象之间具有较高的相似度，而不同簇中的对象差别较大。在生物学中，聚类可以辅助动植物分类，也可以通过对基因数据分类找出功能相似的基因；在地理信息系统中，聚类可以找出具有相似用途的区域，辅助石油开采等活动；在商业中，聚类可以帮助市场分析人员对消费者的消费记录进行分析，从而概括出每一类消费者的消费模式，实现消费群体的区分。

在聚类分析中，输入可以用一组有序对 (X, s) 或 (X, d) 来表示，这里 X 表示一组样本，s 和 d 分别是度量样本间相似度或相异度的标准。聚类的输出是对数据的区分结果，即 $C=\{C_1, C_2, C_3, \cdots, C_k\}$，其中 C_i（$i=1, 2, \cdots, k$）是 X 的子集，且满足下列条件：

$$C_1 \bigcup C_2 \bigcup \cdots \bigcup C_k = X$$
$$C_i \bigcup C_j = \varnothing, \qquad i \neq j$$

C 中的成员 C_1、C_2、C_3、$\cdots$、C_k 称为类或簇，每一个类可以通过一些特征来描述，通常有如下表示方式。

● 类的中心或类的边界点；

● 使用聚类树中的节点图形化地表示一个类；
● 使用样本属性的逻辑表达式表示类。

2.3.2　数据聚类分析主要方法

1. k-means 算法

k-means 是一种常见的数值聚类方法，假设我们提取到原始数据的集合为 $D=\{\boldsymbol{x}_1,\ \boldsymbol{x}_2,\cdots,\ \boldsymbol{x}_n\}$，并且每个 $\boldsymbol{x}_i$ 为 d 维向量，k-means 聚类的目的就是，在给定分类组数 k（$k \leqslant n$）的条件下，将原始数据分成 k 类，即 $C=\{C_1,\ C_2,\ C_3,\ \cdots,\ C_k\}$，满足：

$$\arg\min_{C} \sum_{i=1}^{k} \sum_{x \in C_i} \| \boldsymbol{x}_j - \boldsymbol{\mu}_i \|^2$$

式中，μ_i 代表第 i 类的平均值。k-means 算法的一般步骤如下。

（1）从 D 中随机取 k 个元素，作为 k 个簇的中心。

（2）分别计算剩下的元素到 k 个簇中心的相异度，将这些元素分别划归到相异度最低的簇。

（3）根据聚类结果，重新计算 k 个簇各自的中心。

（4）将 D 中全部元素按照新的中心重新聚类。

（5）重复（2）～（4），直到 k 个簇的中心收敛。

k-means 算法的优点是简单、快速，在处理大数据集时相对可伸缩，当簇与簇之间差异明显时，该算法效果较好。缺点是只有在簇平均值有定义时才可以使用，需要事先给定簇的个数 k，且 k 的取值对结果有较大影响。k-means 算法不适合发现非凸面状的簇，或者大小差别很大的簇，而且对孤立噪声敏感。

2. PAM 算法

围绕中心点划分（Partitioning Around Medoid，PAM）是最早提出的 k-中心点算法之一，它选用簇中位置最中心的对象代表簇，试图对 n 个对象给出 k 个划分。最初随机选择 k 个对象作为中心点，该算法反复用非代表对象来代替代表对象，试图找出更好的中心点，以改进聚类的质量。在每次迭代中，所有可能的对象都被分析，将每个数据对中的一个对象设为中心点，而另一个设为非代表对象，对所有可能的组合，估算聚类结果的质量。一个对象 O_i 可以被能够使最大平方误差减少的对象代替。在一次迭代中产生的最佳对象成为下一次迭代的中心点。PAM 算法消除了 k-means 算法对孤立噪声的敏感性，但是运算代价比 k-means 算法高。

2.4 数据分类与预测

2.4.1 数据分类

分类是数据分析挖掘中的一项重要任务，其目的是得到一个分类函数或分类模型（也称分类器），该模型可以将数据库中的数据项映射到给定类别中的某一类。

1. 基于距离的分类算法

kNN 算法又称为 k 近邻分类（k-Nearest Neighbor Classification）算法，是一种常用的基于距离的分类方法，其特点是直观、简单。假定每个类包含多个训练数据，且每个训练数据都有一个唯一的类别标记，kNN 算法的主要思想是计算每个训练数据，得到待分类元组的距离，取与待分类元组距离最近的 k 个训练数据，k 个数据中哪个类别的训练数据占多数，则待分类元组就属于该类别。

kNN 算法适合对稀疏事件进行分类，特别适合于多分类问题，其缺点是计算量大、内存开销大。

2. 决策树分类方法

从数据中生成分类器的一个特别有效的方法是生成一个决策树（Decision Tree）。决策树表示方法是应用最广泛的逻辑方法之一，它从一组无次序、无规则的事例中推理出决策树表示形式的分类规则。决策树的结构示例如图 2.1 所示。

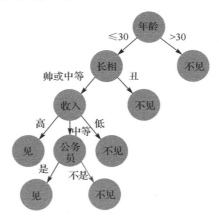

图 2.1 决策树的结构示例

每个非叶节点表示一个特征属性上的测试，每个分支代表这个特征属性在某个值域上的输出，而每个叶节点则存放一个类别，从根到叶节点的一条路径就对应着一条合取规则，整棵树就对应着一组析取表达式规则。

构造决策树的关键步骤是分裂属性，所谓分裂属性，就是指在某个节点处按照某一特征属性的不同划分构造不同的分支，其目标是让各个分裂子集尽可能地属于同一类别。分裂属性分为以下三种不同的情况。

- 属性是离散值且不要求生成二叉决策树，此时用属性的每一个划分作为一个分支。
- 属性是离散值且要求生成二叉决策树，此时使用属性划分的一个子集进行测试，按照"属于此子集"和"不属于此子集"分成两个分支。
- 属性是连续值，此时确定一个值作为分裂点 split_point，按照大于 split_point 和小于或等于 split_point 生成两个分支。

构造决策树的关键是进行属性选择度量。属性选择度量是一种选择分裂准则，是将给定类标记的训练集合的数据最优地划分为个体类的启发式方法，它决定了拓扑结构及分裂点 split_point 的选择。属性选择度量算法有很多，一般使用自顶向下递归分裂法，并采用不回溯的贪心策略。这里介绍 ID3 和 C4.5 两种常用算法。

3．ID3 算法

ID3 算法的核心思想就是以信息增益作为属性选择度量，选择分裂后信息增益最大的属性进行分裂。设 D 为利用类别对训练元组进行的划分，则 D 的熵（Entropy）可以表示为

$$S(D) = -\sum_{i=1}^{m} p_i \log_2(p_i)$$

式中，p_i 表示第 i 个类别在整个训练元组中出现的概率。

假设训练元组 D 按属性 A 进行划分，则 A 对 D 划分的期望信息为

$$E_A(D) = \sum_{j=1}^{v} \frac{|D_j|}{|D|} S(D_j)$$

信息增益即两者的差值：

$$Gain(A) = E(D) - E_A(D)$$

4．C4.5 算法

ID3 算法存在的一个问题是偏向于多值属性。C4.5 使用增益率（Gain Ratio）的信息增益扩充，试图克服这个偏倚。增益率的定义为

$$\mathrm{GainRatio}(A) = \frac{\mathrm{Gain}(A)}{\mathrm{Split}I(A)}$$

式中的各符号意义与 ID3 算法相同，其中，

$$\mathrm{Split}I(A) = -\sum_{j=1}^{v} p_j \log_2(p_j)$$

在实际构造决策树时，通常要进行剪枝，这是为了处理由于数据中的噪声和离群点导致的过分拟合问题。剪枝的方法有两种。

（1）先剪枝：在构造过程中，当某个节点满足剪枝条件，则直接停止此分支的构造。

（2）后剪枝：先构造完成完整的决策树，再通过某些条件遍历树进行剪枝。

2.4.2 数据预测

分类可以用于预测，预测的目的是从历史数据中自动推导出给定数据的趋势描述，从而对未来的数据进行预测。统计学中常用的预测方法是回归。分类和预测是既相互联系又相互区别的一对概念，一般来说分类的输出是离散的类别值，而预测的输出则是连续的数值。

在商业中，数据预测最常见的应用场景是根据用户对商品的评分向用户推荐新商品。针对这类问题，Daniel Lemire 提出了一个 Item-Based 推荐算法 Slope One，可以高效地预测用户评分。该算法的基本思想来源于一元线性模型 $w = f(v) = v + b$，已知一组训练点 (v_i, w_i)，$i = 1, 2, \cdots, n$，利用此线性模型最小化预测误差的平方和，我们可以获得：

$$b = \frac{\sum_i w_i - v_i}{n}$$

以此为基础，我们定义 Item i 相对于 Item j 的平均偏差为

$$\mathrm{dev}(j, i) = \sum_{u \in S_{ji}(X)} \frac{u_j - u_i}{\#[S_{ji}(X)]}$$

式中，S_{ji} 表示对 Item i 和 Item j 给予相同评分的用户集合，#表示集合元素个数，从而得到用户 u 对 Item j 的一种预测值 $\mathrm{dev}(j, i) + u_i$，将所有可能的预测值求平均，可得到

$$P(u)_j = \frac{1}{\#(R_j)} \sum_{i \in R_j} [\mathrm{dev}(j, i) + u_i]$$

式中，R_j 表示用户 u 已经给予的所有评分且满足条件 $i \neq j$，S_{ji} 为不等于 $\varnothing$ 的 Item 集合。

对于足够稠密的数据集，预测公式可以简化为

$$P^S(u)_j = \bar{u} + \frac{1}{\#(R_j)} \sum_{i \in R_j, j, i} \mathrm{dev}(j, i)$$

2.5　数据可视化

2.5.1　信息可视化与数据可视化

数据可视化和信息可视化是两个相近的术语。狭义上的数据可视化指的是将数据用统计图表进行方式的呈现，而信息可视化则是将非数字的信息进行图形化，前者用于传递信息，后者用于表现抽象或复杂的概念、技术和信息；而广义上的数据可视化则是数据可视化、信息可视化等多个领域的统称。

数据可视化的基础和常见应用包括：饼图、直方图、散点图、柱状图等，它们是最原始的统计图表，作为一种统计学工具，用于创建一条快速认识数据集的捷径，并成为一种令人信服的沟通手段，传达存在于数据中的基本信息。

信息可视化的主要目的是通过图形化手段进行清晰、有效的信息传递，常见的表现形式有地图、时间轴、网络图、树状图、矩阵图、热力图、标签云、散点图、气泡图、流程图、折线图、平行坐标轴、数据表、雷达图、插画、解剖图、说明图等。

2.5.2　数据可视化分析

数据可视化是将数据以不同形式展现在不同系统中，其中包括属性和变量的单位信息。基于可视化数据分析的方法允许用户使用不同的数据源来创建和自定义数据分析方法，并通过交互提高数据分析和结果展示的效率。

在数据可视化分析中，除了常规的表格、直方图、散点图、折线图、柱状图、饼图、面积图、流程图、泡沫图表等，以及图表的多个数据系列或组合，如时间线、维恩图、数据流图、实体关系图等方法，还常常使用平行坐标、树状图、锥形树图和语义网络等。

（1）平行坐标：平行坐标被用于绘制多维度个体数据，平行坐标在显示多维数据时是非常有用的，如图 2.2 所示。

（2）树状图：树状图是一种有效的可视化层次结构方法，每个子矩形的面积代表一个测量，而它的颜色常被用来代表另一个测量的数据，如图 2.3 所示。

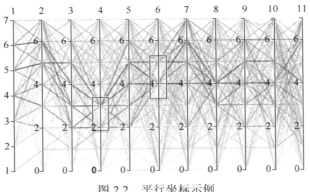

图 2.2   平行坐标示例

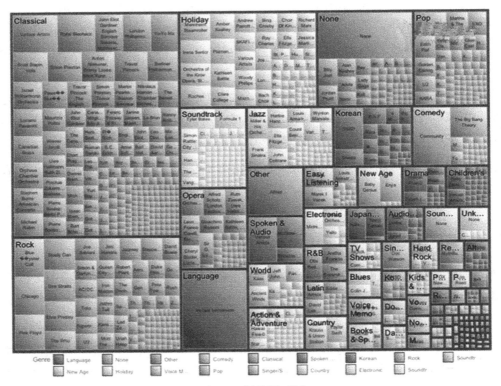

图 2.3   树状图示例

（3）锥形树图：锥形树图是另一种显示分层数据的方法，如三维空间中的组织体，它的树枝是锥生长的形式。

（4）语义网络：语义网络是一个表示不同概念之间的逻辑关系的图形，包括有向图、组合节点或顶点、边或弧，并在每个边上做标记，如图 2.4 所示。

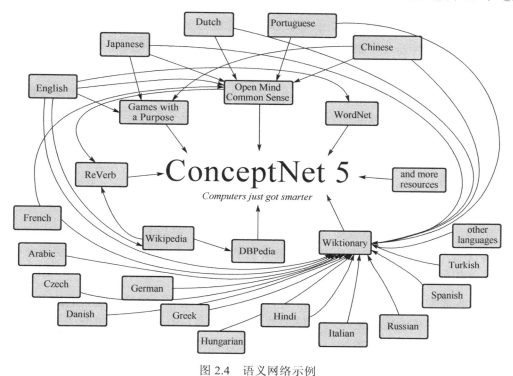

图 2.4　语义网络示例

2.6　信息挖掘与隐私保护

　　云计算的产生，伴随着并行计算、分布式计算、网格计算到普适计算，带来了整个计算技术的新发展，推动互联网技术和服务模式进入了一个新的时代。云计算提供了可扩展到上千万个系统的能力，以及大规模扩展存储的能力，用户可以根据需要租赁和释放相关的计算资源，非常方便地解决了需求变动和计算高峰带给企业的成本开销，因此，人们对云计算的投资与日俱增。

　　在大数据背景下，传统 IT 的基础架构已到了革新之时，不但要满足海量数据指数级增长的存储需求，还要能实现对海量数据的快速计算。传统的以结构化数据为依托而设计的数据中心已不能满足需求，必须进行变革，研究一种新的方法来高效地存储和管理数据，满足迫切的市场需求。越来越多的研究开始在云计算的分布式环境中进行，如数据存储、数据分析、数据挖掘等涉及海量数据计算的领域。同时，在云计算如火如荼的发展过程中，也面临着安全和隐私保护等方面的众多挑战，例如，对数量巨大的用户群进行权限控制和身份认证，网络入侵、窃听、篡改，以及开放的云平台带来的用户数据保护等众多安全问题，都急需研究人员加以解决。尤其是近年来数据隐私相关的安全事件频发，使人们对数据隐私保护的意识逐渐提高，对隐私安全的关注度日益上升。

由于越来越多的信息能够以电子形式从网上得到，人们对隐私的保护要求变得越来越迫切，致力于数据分析的数据挖掘技术就和隐私保护构成了矛盾。由于各国对隐私保护的定义和范围差别巨大，一些国际互联网公司的在线服务，如邮件分析和在线地图等在一些国家就会受到相应的限制。

随着信息系统网络化，在双方或多方合作进行数据挖掘时，由于某种原因，参与者往往不愿意将原始数据与他人共享，而只愿意共享数据挖掘的结果，这种情况在医学、经济、市场、商务等研究领域屡见不鲜。如何能够保证参与者仅仅正确地完成协同挖掘任务，而没有从挖掘的计算中获取其他参与者的私有数据信息，这是数据挖掘中必须考虑的隐私保护问题。

外包数据库服务是云计算中一种常见的服务模式，随着敏感信息数据的泄露、数据库隐私数据窃取等不安全因素的增多，保护数据安全和用户隐私的安全机制成为数据库服务走向实际应用过程中迫切需要解决的问题。在云计算中，数据拥有者希望采用安全的方式将数据进行外包存储，委托代理服务器进行保管。由于数据可能存放在多个代理服务器中，用户可以为代理服务器设置不同的用户访问权限，使得非授权用户无法获得代理服务器上的数据信息，也就是进行权限控制。但是，随着用户对隐私的考虑，大量数据请求用户的授权信息也需要进行保护，以避免数据访问控制策略的泄露。因此，针对用户授权隐私保护的问题，需要研究用户对代理数据库的安全访问方法。

由于云计算中，尤其是公共云环境中用户、信息资源高度集中，所带来的安全事件后果与风险，以及波及的范围都比传统的应用大很多。2011 年 Google 邮箱爆发的大规模用户数据泄露事件，大约有 15 万 Gmail 用户发现自己的邮件和聊天记录被删除，部分用户发现自己的账户被重置。这是 Google 的一次重大云计算安全事故，这也反映出在云计算中保护用户数据隐私的重要性。2009 年 Forrester Research 公司调查显示，有的中小企业认为安全性和隐私问题是他们尚未使用云服务的首要原因。要让企业和用户大规模地选择云计算平台，就必须首先解决云计算技术中的安全问题，即建立保证数据安全和具有隐私保护功能的数据管理技术。现有的隐私保护方法主要有数据扰乱、加密与密钥管理、安全多方计算、数字签名、身份认证和访问控制等。

（1）数据扰乱技术。该技术是指通过匿名、扰乱、添加随机变量、添加随机偏移值、替换等方法对原始数据集中的敏感信息进行替代，生成加入扰乱信息的模糊数据集进行公示和计算等操作。尽管这一类方法保护了数据的敏感信息，但是会带来一定程度的信息损失，且存在一定的局限性，不能完全防止敏感信息的泄露。

（2）加密与密钥管理技术，用于确保数据的保密性和完整性。在云计算环境中，用户将数据委托给第三方服务提供商进行管理和维护，数据存储在企业或用户外部的服务器上。在数据保护方面，业界唯一有公认标准的数据保护技术就是加密，在采用合理的加密算法和密钥安全的情况下，该方法能够在很大程度上保护数据的安全。在数据加密算法中，包括对称加密和公钥加密两种类型。为了充分发挥对称加密和公钥加密两种技术的优点，云计算中通常采用的方法是：用对称密码加密信息，用公钥密码传递对称密码中的密钥。但是，由于加密数据的可操作性和可查询性较低，很多计算只有在解密后才能进行，在实际应用具有局限性。

（3）安全多方计算技术。在多个参与方之间协作计算某个函数时，除了计算结果，各参与方无法获得其他参与方的输入信息。安全多方计算属于密码学的研究范畴，一出现就吸引了众多研究者的关注。在解决实际问题时，通过对该问题设置一个需要各方联合计算的函数，之后采用安全多方计算的基本模块和协议进行实现。安全多方计算技术能够保护数据的隐私，同时根据所采用的基本模块和协议的安全性，能够达到不同的隐私保护等级。但是，由于在安全多方计算的模块和协议中采用了大量的加解密计算和信息传递，在安全性和效率两个方面通常不可兼得，需要根据实际应用情景，进行安全性和效率的协调。

（4）数字签名技术。该技术是保持数字化文档的认证性、完整性和不可否认性的重要手段之一，是指附加在电子文档中的一组特定的符号或代码，用于标识签发者的身份及承诺，接收者可以通过签名来验证文档在传输过程中是否被篡改或伪造，对数字对象的合法性、真实性进行验证。在外包数据库服务中，用户大多是通过远程的网络来访问和操作数据库的，数字签名技术可以用来识别身份，如用户登录时要出示签名，系统验证正确后才允许用户进一步执行数据库访问操作。

一个数字签名由两部分组成：签名算法和验证算法。每一个数字签名方案都由五元组构成，即 $\{P, S, K, \text{Sign}, \text{Ver}\}$，其中 P 为明文空间，S 为签名空间，K 为密钥空间，Sign 为签名算法集合，Ver 为验证算法集合。用户通过签名算法 Sign 来为消息 p 签名，得到签名结果 $\text{Sign}(p)$。通过验证算法 Ver 来进行验证，根据签名是否有效返回结果 true 或者 False。

（5）身份认证和访问控制技术，用于确保对不同用户群的访问管理。通过网络对用户身份和请求的合法性进行确认，禁止无权限的用户或攻击者进行操作，从而保证数据的安全性。在云计算中，尤其是在公共云环境中，用户将自己的数据、应用、系统等交给云计算服务提供商进行管理和维护，云计算服务提供商必须关注用户身份的管理，实施分级管理、授权管理等权限控制。常见的认证技术包括口令核对、基于智能卡的身份认证、基于生物特征的身份认证等。在对用户身份进行认证后，还要根据用户的身份及职能来限定其对数据的访问范围，通过灵活地采用多种访问控制策略，来保障信息的安全。但是，由于分布式环境中用户数量巨大，用户权限级别多，如何对用户进行统一的认证管理，以及解决大量用户并发访问带来的效率问题，都是值得进一步研究的课题。

（6）灾备技术，灾难备份与恢复可应对故障或突发事件。由于云计算服务的海量存储能力，存储了大量用户与业务相关的数据、应用等信息，云计算运营商必须提供强大的灾难备份和恢复能力。主要的灾难备份技术有：基于磁带的备份技术、基于应用软件的数据容灾备份、远程数据库备份、基于主机逻辑磁盘卷的远程备份，以及基于 SAN 的备份技术。通过调整灾难备份和恢复的优先级，以尽可能地减少灾难损失。

（7）安全通信，可保障数据的传输安全。通过使用安全套接层（SSL）、传输层安全（TLS）、虚拟专用网络（VPN）和互联网协议安全性（IPSec）等安全技术来保障用户与云端通信的数据传输安全。

2.7　云计算数据挖掘

云计算平台中的数据中心可以存储海量数据，可以根据数据挖掘应用的需求对资源进行动态分配，保证数据挖掘算法的可扩展性，并采用容错机制来保证数据挖掘应用的可靠性。其优点在于：基于云计算的模式可以进行分布式并行数据挖掘，实现高效、实时的挖掘，同时可以适应规模不同的组织，为中小企业提供新型低成本的计算环境，大企业云计算平台对某些特定数据的计算对大型高性能机的依赖性会得到减轻。基于云计算的数据挖掘开发方便，底层被屏蔽掉了，对用户来说，无须考虑数据的划分、数据分配加载到节点，以及计算任务调度等；在并行化的条件下利用原先的设备，可以在很大程度上提高大规模处理数据能力；在增加节点方面也比较自由和方便，同时容错性得到了提高。基于云计算的数据挖掘保证了挖掘技术的共享，降低了数据挖掘应用的门槛，可使海量数据挖掘需求得到了满足。

基于云计算的海量数据挖掘服务的主要目标是利用云计算的并行处理和海量存储能力，解决数据挖掘面临的海量数据处理问题。图 2.5 给出基于云计算的海量数据挖掘模型的层次结构图。

基于云计算的海量数据挖掘模型大体上可以分为三层。位于最底层的是云计算服务层，提供分布式并行数据处理及数据的海量存储。云计算环境中对海量数据的存储既要考虑数据的高可用性，又要保证其安全性。云计算采用分布式方式对数据进行存储，为数据保存多份副本，这种冗余存储方式保证了在数据发生灾难时不会影响用户的正常使用。目前常见的云计算数据存储技术有非开源的 GFS（Google File System）和开源的 HDFS（Hadoop Distributed File System），其中 GFS 是由 Google 开发的，HDFS 是由 Hadoop 团队开发的。此外，云计算使用并行工作模式，能够在大量用户同时提出请求时，迅速给予回应并提供服务。

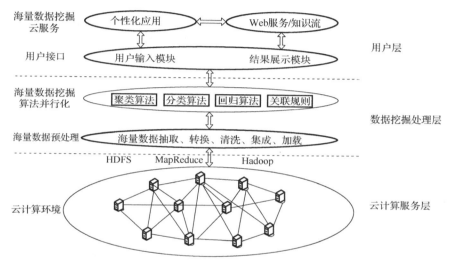

图 2.5　基于云计算的海量数据挖掘模型的层次结构图

位于云计算服务层之上的是数据挖掘处理层，这一层包括海量数据预处理和海量数据挖掘算法并行化。海量数据预处理主要是对海量不规则数据事先进行处理，没有好的数据就没有好的数据挖掘结果。由于云计算环境下的 MapReduce 计算模型适用于结构一致的海量数据，因此，面对形态各异的海量数据，首先要对它们进行预处理。数据预处理方法包括数据抽取、数据转换、数据清洗和集成、数据规约、属性概念分层的自动生成等。经过预处理的数据可以提高数据挖掘结果的质量，使挖掘过程更有效、更容易。

海量数据挖掘的关键是数据挖掘算法的并行化。由于云计算采用的是 MapReduce 等新型计算模型，需要对现有的数据挖掘算法和并行化策略进行一定程度的改进，才有可能直接应用在云计算平台上进行海量数据挖掘任务。因此，需要在数据挖掘算法的并行化策略上进行更为深入的研究，从而使云计算并行海量数据挖掘算法的高效性得以实现。并行海量数据挖掘算法包括并行关联规则算法、并行分类算法和并行聚类算法，可用于分类或预测模型、数据总结、数据聚类、关联规则、序列模式、依赖关系或依赖模型、异常和趋势发现等。基于此，针对海量数据挖掘算法的固有特点，可对已经存在的云计算模型进行优化升级以及适当扩充，使其对海量数据挖掘的适用性得到最大程度的提升。

最顶层是面向用户的用户层，该层主要接收用户的请求并将其传递给下面两层，以及将最终的数据挖掘结果展示给用户。用户可以通过友好的可视化界面管理和监视任务的执行，并且可以很方便地查看任务执行的结果。

用户的数据挖掘请求通过用户输入模块传递到系统内部，系统根据用户提交的一些数据挖掘参数和基本数据，在算法库中选择合适的数据挖掘算法，然后调用经过预处理阶段的数据，分配到 MapReduce 平台上进行并行数据挖掘，挖掘出的结果通过结果展示模块传递给用户。海量数据的存储和并行化处理都依赖于云计算环境。

2.8 本 章 小 结

信息挖掘技术是未来信息处理的重要技术之一，2.1 节给出了信息挖掘的定义，并以 CRM 和社交网络为例探讨了信息挖掘的应用，最后以信息挖掘面临的六大问题为主线展望了信息挖掘的发展前景。关联分析是信息挖掘领域最活跃的研究方法之一，2.2 节给出了数据关联分析的定义和常用概念，并给出了经典的频繁项集发现算法和关联规则生成算法。数据聚类分析是人类的一项基本认识活动，也是信息挖掘的重要方法，2.3 节给出了数据聚类分析的定义和两种主要算法：k-means 算法和 PAM 算法。数据分类和数据预测相互联系又相互区别，一般来说分类的输出是离散的类别值，而预测的输出则是连续数值，2.4 节给出了数据分类的两类方法：基于距离方法和基于决策树方法，同时给出了商品推荐场景下的一种评分数据预测算法 Slope One。"可视化"正在强有力地影响着人们的思考方式和阅读习惯，2.5 节给出了信息可视化和数据可视化的定义，并介绍了数据可视化分析的常用方法。

参 考 文 献

[1] Jiawei Han, Micheline Kamber, Jian Pei. 数据挖掘：概念与技术[M]. 北京：机械工业出版社，2012.

[2] 毛国君，段立娟. 数据挖掘原理与算法[M]. 北京：清华大学出版社，2016.

[3] 李准. 信息可视化与数据可视化[J]. 现代制造技术与装备，2014(05):61-62.

[4]　孙艳秋，王甜宇，曹文聪. 基于云计算的医疗大数据的挖掘研究[J]. 计算机光盘软件与应用，2015(2):11-11.

[5]　李梅. 大数据时代中如何进行医疗数据挖掘与利用[J]. 数字通信世界，2016(1).

[6]　任思冲，周海琴，彭萍. 大数据挖掘促进精准医学的发展[C]. 中华医学会第二十一次全国医学信息学术会议论文汇编，2015.

[7]　阳柳. 大数据时代的物流信息挖掘与应用[J]. 物流技术，2014(23):414-416.

[8]　董喆. 基于互联网金融平台的大数据挖掘研究[J]. 现代经济信息，2014(22):261-262.

[9]　周馨. 大数据时代教育数据价值挖掘[J]. 信息与电脑：理论版，2013(8).

[10]　贾哲. 分布式环境中信息挖掘与隐私保护相关技术研究[D]. 北京邮电大学，2012.

[11]　孙剑，袁浩. 挖掘大数据的价值——深化媒体的内容经营[J]. 现代电视技术，2013(8):24-28.

[12]　刘春琳，冷红. 基于大数据挖掘的城市关注平台的构建与应用[C]. 2014 中国城市规划年会，2014.

[13]　张纪元. 基于大数据挖掘的精细化流量经营运营平台建设探索[J]. 互联网天地，2013(7):11-15.

[14]　林枫. 云计算技术在医疗大数据挖掘平台设计中的应用[J]. 电脑知识与技术，2015,11(30).

[15]　滕琪，樊小毛，何晨光，等. 医疗大数据特征挖掘及重大突发疾病早期预警[J]. 网络新媒体技术，2014(1):50-54.

[16]　邬贺铨. 挖掘释放大数据价值[J]. 中国经济和信息化，2014(14):90-91.

[17]　申彦. 大规模数据集高效数据挖掘算法研究[D]. 江苏大学，2013.

[18]　贺瑶，王文庆，薛飞. 基于云计算的海量数据挖掘研究[J]. 计算机技术与发展，2013(2):69-72.

第 3 章

大数据技术基础

3.0 引　　言

大数据（Big Data）看似通俗、直白，但无疑是当下最炙手可热的名词之一，在全世界范围内引领了新一轮数据技术革命的浪潮。近年来，由于移动互联网的高速发展和智能移动设备的普及，数据的积累速度已超过以往任何时期，整个世界已经进入了大数据时代。大数据时代计算机信息处理技术的特征主要体现在以下几个方面。

（1）模块化特征：计算机信息处理技术是由若干不同功能模块组成的，通过模块来处理业务，以实现信息处理的各项功能；并且它的功能覆盖了信息加工、管理、处理等各个环节。因而在实际运用中，可以根据信息处理的现实需要来选择相应的技术措施，并结合具体工作需要进行整合，促进各模块相互协调与合作，以促进计算机信息处理技术作用的充分发挥。

（2）开放性特征：计算机信息处理技术具有开放性特征，主要表现在两个方面。一方面，计算机信息处理技术与现有系统软件和硬件兼容，可以在多种硬件平台使用，并提供第三方应用程序接口，在多种系统并存的环境下也可以相互利用数据，进行信息处理。另一方面，由于信息处理需要不断适应市场变化和工作需要，其处理模式和处理水平也要相应提升，因此，计算机信息处理技术要能适应计算机和互联网不断成长与变化的需要，可以不断扩展功能，提高信息处理的工作效率。

（3）灵活性特征：灵活性主要表现在计算机信息处理技术可以灵活地适应信息处理工作的实际需求，能满足各项工作不断升级和变化的需求。客户、服务器技术能通过开放式数据库连接来访问各种后台数据库，促进工作水平提升。

（4）全面性特征：全面性特征主要表现在计算机信息处理技术能支持不同行业信息处理的需要，能适用各种信息处理工作，能满足不同类型行业信息处理工作的要求；同时也能为各行各业的信息处理提供便利，促进工作水平和信息处理效率的有效提升。

大数据时代，计算机信息处理技术的作用主要体现在以下几个方面。

（1）提高信息处理水平：计算机信息处理技术可以对信息的生产、加工、整合等多个方面进行集成化处理，加快各环节的信息交换；同时还能协调与客户的业务往来，使信息流、资金、信息等实现高度统一，从而提高信息处理的水平。

（2）使信息处理技术在竞争中发挥优势：信息处理方式和处理技术水平是决定竞争力的关键因素，计算机信息处理技术采用科学的方法，实现了对信息处理各个环节的有效控制，并能根据不断变化的市场情况做出相应的调整，使信息处理在竞争中发挥优势，推动信息处理技术的不断提升。

（3）提高信息处理技术的经济效益与社会效益：科学、合理的计算机信息处理技术能促进各项信息资源功能的最大发挥，为人们获取和使用信息提供便利；同时也可以降低成本、减少浪费、提高信息处理的经济效益与社会效益。

大数据时代计算机信息处理技术的发展方向包括以下几个方面。

（1）云计算方向：云计算的出现方便了信息存储和各项处理工作的开展，对计算机信息处理工作的有效开展具有积极作用，是信息处理技术的发展趋势之一。未来计算机应该改进传统的数据中心技术，顺应云计算发展和变化趋势，推广和应用覆盖面更广的云计算技术，进而提高信息存储量，为信息处理做好充分的准备，推动信息处理技术水平的进一步提升。

（2）开放性网络方向：随着技术的发展和改进，计算机信息处理技术将具有更加开放性的特征，处理技术逐渐与硬件剥离，相互分开。但不能否定的是，计算机信息处理技术仍然离不开硬件的支撑，需要必要的硬件支撑，以更好地适应信息处理的需要。

（3）融合计算机网络方向：随着互联网的发展和进步，计算机网络将在计算机信息处理技术中发挥更大的作用，并逐渐占据主导地位，为人们日常生活和工作创造便利。通过网络之间的连接，有利于提高计算机信息处理技术的速度和效率。

本章将探讨大数据的产生和特性，以及高效存储、处理这些数据的基本技术。

3.1 大数据产生及特性

3.1.1 大数据产生

大数据是云计算技术的延伸，是社会进步和发展的必然结果，大数据时代的到来引领了未来 IT 技术发展的战略走向。在信息和网络技术飞速发展的今天，越来越多的企业业务及社会活动实现了数字化，特别是随着数据生成的自动化，以及数据生成速度的加快，数据量也随之快速增长。同时，随着存储设备、内存、处理器等计算机设备成本的稳定下降，使得之前较为昂贵的大规模数据存储和处理变得十分经济，也使得大数据的存在成为可能。

有调查显示，企业信息系统中拥有数万亿字节的客户信息、供应商信息及业务运营信息，数据已经成为业务活动的副产品。全球最大的零售商沃尔玛公司，每天通过分布在世界各地的 6000 多家商店向全球客户销售超过 2.67 亿件的商品，分析交易数据的数据仓库系统规模已经达到 4 PB，并且仍在不断扩大。

传感器数据也是大数据的主要来源之一。在物联网时代，数以亿万计的网络传感器嵌入在数量不断增长的智能电表、移动电话、汽车等物理设备中，不断感知、生成并传输超大规模的有关地理位置、振动、温度、湿度等的数据。其中 2010 年的移动电话使用量已经超过 40 亿，传感器的应用数量每年正在以 30%的速度增长。此外，全球数据存储量也呈现飞速增长的趋势，2008 年全球数据量仅为 0.49 ZB；在金融危机笼罩下的 2009 年，数据量也较 2008 年增长了 63%，达到 0.8 ZB；2010 年增至 1.2 ZB；2011 年高达 1.82 ZB；2012 年则达到 2.7 ZB，相比于 2011 年的数据量增长了 48%。若以如此快的速度增长，到 2020 年则高达 35.2 ZB，是 2012 年数据量的 13 倍之多。

此外，移动互联网、三网融合、Web 2.0 技术和电子商务技术的飞速发展，也极大地促进了大数据时代的产生和发展。人们可以通过智能手机、个人计算机等终端设备，随时随地浏览网页，上传或下载、发布或共享图片、视频、音频、文本等多种媒体格式的文件，其中每秒的高清视频所含的数据容量是单页文本格式数据容量的 2000 倍，大量的多媒体内容在以指数级增长的数据量中发挥着重要的作用。在以 Web2.0 为技术支撑的社交网站中，大量网络用户的点击量、浏览痕迹、日志、照片、视频、音频等多媒体信息都会被记录下来，随着时间的推移，如此庞大、复杂的数据为跟踪用户、分析用户喜好等提供了基础，从而使社交网站可以有针对性地开发、投放满足用户需求的各种应用、广告及商品。同样，网上书店则通过存储顾客的搜索路径、浏览记录、购买记录等大量数据，分析顾客的购买倾向，设计算法来预测顾客感兴趣的书籍类型。

在现实生活中，我们无时无刻不被数据包围着。1 分钟的时间里，一个普通人可能打不了 200 个字，但 Google 会收到超过 2000000 个搜索查询，Facebook 的用户会分享 684478 条内容，消费者会在网购中花费 272070 美元，电子邮件用户将发送 204166677 条信息，Instagram 用户会分享 36000 张新照片，Wordpress 用户会发布 347 篇新博文，571 个新网站将会诞生，移动互联网会增加 217 个新用户……数据在不断增长着，没有慢下来的迹象，并且随着智能移动设备的普及，一些新兴的、与位置相关的大数据也将呈现井喷趋势。

国际顶级咨询机构麦肯锡认为：大数据指的是所涉及的数据集规模已经超过了传统数据库软件获取、存储、管理和分析的能力。这是一个被故意设计成主观性的定义，并且是一个关于多大的数据集才能被认为是大数据的可变定义，即并不定义大于一个特定数字的数据集才叫大数据。因为随着技术的不断发展，符合大数据标准的数据集容量也会增长；并且定义随不同行业也有变化，这依赖于在一个特定行业通常使用何种软件，以及数据集有多大。因此，大数据在今天不同行业中的范围可以是从几十 TB 到几 PB。

高质量的数据是大数据发挥效能的前提和基础，强大的数据分析技术是大数据发挥效能的重要手段。对大数据进行有效分析的前提是必须要保证数据的质量，专业的数据分析工具只有在高质量的大数据环境中才能提取出隐含的、准确的、有用的信息，企业基于这些高质量分析结果所做出的各项决策才不至于偏离正确轨道；否则，即使数据分析工具再先进，在充满"垃圾"的大数据环境中也只能提取出毫无意义的"垃圾"信息。因此数据质量在大数据环境下显得尤其重要。

然而，在大数据时代下，企业要想保证大数据的高质量却并非易事，很小的、容易被忽视的数据质量问题在大数据环境下可能会被不断放大，甚至引发不可恢复的数据质量灾难。因此，如何保证大数据的数据质量，以及有效挖掘隐藏在大数据中的信息，成为企业日益关心的问题。以制造企业为例，企业可以从大量的客户、产品和销售信息中获得更多有价值的信息，进而制订满足消费者需求的销售策略。然而这些信息的获取和提炼都必须以高质量的数据为前提，如果数据质量低下，必然会影响提取出的信息质量，甚至是错误的、无效的信息。因此在大数据环境下，对数据质量的要求更加苛刻。

首先，在数据收集阶段，大数据的多样性决定了数据来源的复杂性。大数据的数据来源众多，数据结构随着数据来源的不同而各异，企业要保证从多个数据源获取的、结构复杂的大数据的质量并有效地对数据进行整合，这是一项异常艰巨的任务。来自大量不同数据源的数据之间存在着冲突、不一致或相互矛盾的现象，在数据量较小的情形下，通过编写简单的匹配程序，甚至是人工查找，即可实现多数据源中不一致数据的检测和定位，然而这种方法在大数据情形下却有些力不从心。在数据获取阶段，保证数据定义的一致性、元数据定义的统一性及数据质量是大数据为企业提出的挑战。另外，由于大数据的变化速度较快，有些数据的"有效期"非常短，如果企业没有实时地收集所需的数据，有可能收集到的就是过期的、无效的数据，这也会在一定程度上影响大数据的质量。数据收集阶段是整个数据生命周期的开始，这个阶段的数据质量对后续阶段的数据质量起着直接的决定性影响。因此，企业应该重视源头上的数据质量问题，为大数据的分析和应用提供高质量的数据基础。

其次，在数据存储阶段，由于大数据的多样性，单一的数据结构（如关系型数据库中的二维表结构）已经远远不能满足大数据存储的需要，企业应该使用专门的数据库技术和专用的数据存储设备进行大数据的存储，保证数据存储的有效性。据调查，目前国内大部分企业的业务运营数据仍以结构化数据为主，相应地主要采用传统的数据存储架构，如采用关系型数据库进行数据的存储。对于非结构化数据，则是先将其转化为结构化数据后再进行存储、处理及分析。这种数据存储处理方式不仅无法应对大数据数量庞大、结构复杂、变化速度快等特点，而且一旦转化方式不当，将会直接影响数据的完整性、有效性与准确性等。目前，结构化的数据只占到互联网整体流动数据的 10%，剩余的 90%都为视频、图片、音频等非结构化的数据，这就对传统数据存储架构的可靠性及有效性构成了挑战。数据存储是实现高水平数据质量的基本保障，如果数据不能被一致、完整、有效地存储，数据质量将无从谈起。因此，企业要想充分挖掘大数据的核心价值，首先必须完成传统的结构化数据存储处理方式向同时兼具结构化和非结构化数据存储处理方式的转变，不断完善大数据环境下企业数据库的建设，为保证大数据质量提供基础保障。

同时，企业数据库管理员（Database Administrator，DBA）应该根据大数据结构的要求和特点，合理地设计数据存储和使用规则，以方便对数据的快速读取。如果数据存储不合理，不仅会浪费系统的存储空间，而且还会给后期的数据使用带来极大的不便，甚至会产生错误、无效的数据，难以保证数据质量。此外，DBA 在设计相应规则时，还要考虑很多罕见的情形，因为在传统数据量较少的情况下无须考虑的罕见情形，在大数据情况下却有可能会发生。如果没有考虑到特殊或罕见情况，或考虑得不够全面，将会给大数据的数据质量带来严重的影响，甚至是危机。

最后，在数据使用阶段，数据价值的发挥在于对数据的有效分析和应用，大数据涉及的使用人员众多，很多时候是同步地、不断地对数据进行提取、分析、更新和使用，任何一个环节出现问题，都将会严重影响企业系统中的大数据质量，影响最终决策的准确性。举例来说，由于大数据规模庞大、变化速度快，对数据的处速度要求较高，如果数据处理不及时，有些变化速度快的数据就会失去其最有价值的阶段，有些"过期"的数据甚至与实际数据不符，企业根据这些"过期"的无效数据所做出的决策必然也是无效的，甚至是错误的。从这个角度来讲，数据及时性也是大数据质量的一个重要方面，如果企业不能快速地进行数据分析，不能从数据中及时地提取出有用的信息，将会丧失预先占领市场的先机。

3.1.2　大数据特性

大数据的三个重要特性是数据量（Volume）、种类多样性（Variety）、生成和处理速度（Velocity）。

（1）数据量：现今存储的数据量正在急剧增长，我们存储的数据，如环境数据、财务数据、医疗数据、监控数据等，已经从 TB 级别转向 PB 级别，并且不可避免地转向 ZB 级别。随着可供企业使用的数据量不断增长，可处理、理解和分析的数据比例却在不断下降。

（2）种类多样性：随着传感器、智能设备以及社交协作技术的激增，数据的种类也变得更加复杂，它不仅包含传统的关系型数据，还包含来自网页、互联网日志文件、搜索索引、社交媒体论坛、电子邮件、文档、主动和被动传感器等的原始、半结构化和非结构化的数据。

（3）生成和处理速度：就像我们收集、存储的数据量和种类发生了变化一样，生成和需要处理数据的速度也在变化。速度不仅仅是指数据库中存储的数据的增长速度，更重要的是数据的流动速度。有效处理大数据要求在数据变化的过程中对它的数量和种类进行分析，而不只是在它静止后进行分析。

在以上特征的基础上，IBM 公司又提出了第四个特征：真实和准确。只有真实且准确的数据才能让对数据的管控和处理真正有意义、有价值（Value）。随着社交数据、企业内容、交易与应用数据等新数据源的兴起，传统数据源的局限性被打破，企业更加需要有效、有价值的信息处理，以确保其真实性和安全性。

3.2　大数据技术体系

大数据技术指的是从各种类型的数据中快速获得有价值信息的技术。大数据领域已经涌现出了大量新的技术，它们成为大数据采集、存储、处理和呈现的有力武器。大数据处理关键技术一般包括：大数据采集与存储、大数据分析及挖掘、大数据可视化与应用等。

在信息处理中，信息获取是最关键的内容。只有将信息收集在一起，相关工作人员才能整理、存储与传播信息。为获取信息，就需要监控数据源并完成信息采集，在信息采集完成后，还要将其存储到数据库中，以便服务于信息处理系统。信息加工则利用信息处理系统完成已获信息的整理与加工，主要是为了方便人们检索。目前，信息的加工技术已经趋向成熟，如数据高效索引技术、数据挖掘技术等都是十分重要的技术，都能够影响数据的获取与加工。大数据能够存储大量数据，其架构也呈现复杂化，各个数据间的关联性也在不断增强，要完成信息处理的难度也在增加。为了更好地应对信息处理就需要有更优质的服务作为依托，同时增强计算机信息处理的能力，做好信息处理工作。

图 3.1 所示为大数据的基本处理流程，它与传统的数据处理流程并无太大差异，主要区别在于：由于大数据要处理大量、非结构化的数据，所以在各个处理环节中都可以采用 MapReduce 等方式进行并行处理。

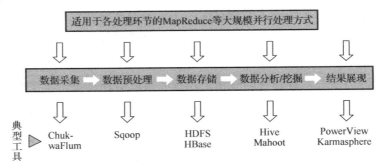

图 3.1 大数据的基本处理流程

3.2.1 采集与存储

1. 数据采集

除了传统的通过 RFID 射频、传感器等途径采集数据，大数据技术引入了以下新的数据采集方法。

（1）系统日志采集方法。系统日志用于记录系统中硬件、软件和系统的信息，同时还可以监视系统中发生的事件。用户可以通过系统日志来检查错误发生的原因，或者寻找攻击者在攻击时留下的痕迹。在大数据时代，系统日志的产生速度十分惊人，许多海量数据采集工具应运而生，如 Hadoop 的 Chukwa、Cloudera 的 Flume、Facebook 的 Scribe 等，这些工具均采用分布式架构，能满足每秒数百兆字节的日志数据采集和传输需求。

（2）网络数据采集方法。网络数据采集是指通过网络爬虫或网站 API 等方式从网站上获取数据信息，该方法可以将非结构化数据从网页中抽取出来，将其存储为统一的本地数据文件，并以结构化的方式存储，它支持图片、音频、视频等文件或附件的采集，附件与正文可以自动关联。

除了网络中包含的内容，对于网络流量的采集可以使用 DPI 或 DFI 等带宽管理技术进行处理。

（3）其他数据采集方法。对于企业生产经营或科学研究等保密性要求较高的数据，可以通过与企业或研究机构合作，使用特定系统接口等方式采集数据。

2．数据存储

数据的有效存储是大数据技术的基础，数据存储技术的发展主要经历了以下阶段。

（1）关系型数据库。传统的数据处理技术以关系型数据库作为基本的存储方式，在关系型数据库中，通常要把待分析的数据处理成一张表的形式，表的每一行称为一个实例、对象或样本，表的每一列称为属性、特征或变量。关系型数据库强调的是密集的数据更新处理性能和系统的可靠性，而不同系统产生的业务数据存放于分散、异构的环境中，不易统一查询访问，因而在针对支持决策而进行的数据分析处理上难以满足多样化的需求。

（2）数据仓库。为了将大量的业务数据用于分析和统计，人们提出了数据仓库的概念。一个完整的数据仓库主要由四部分构成：数据源、数据仓库和数据集市、OLAP 服务器，以及前台分析工具。数据仓库中的数据源包括联机事务处理系统、外部数据源、历史业务数据集等，前台分析工具主要包括各种报表工具、查询工具、数据分析工具、数据挖掘工具，以及各种基于数据仓库和数据集市的应用开发工具等。

（3）非关系型数据库和分布式文件系统。在 Web 2.0 时代，互联网更加注重用户交互，网站信息的提供者由传统网站管理员变成了普通用户。用户提供的信息是海量的，从航班预定、股票交易到通信、购物、娱乐、社交，数据量从 TB 级升至 PB 级，并仍在持续爆炸式地增长。为了应对大数据时代海量互联网数据的存储和管理，非关系型数据库和分布式文件系统应运而生，非关系型数据库和分布式文件系统使得数据的存储可以扩展到数以千计的节点上，具有更高的可用性和可扩展性。

3.2.2 分析与挖掘

数据挖掘技术主要应对大数据处理需求而兴起，是一种体现人工智能处理的计算机处理技术。数据挖掘技术多采用仿生学的手段，按照人类思维的方式，对海量的数据进行处理，最终从海量的数据中过滤出对企业生产或决策有用的信息，进而指导人们的行为。数据挖掘的主要流程包括数据选取、数据预处理、数据挖掘、数据分析与评估。

首先对数据的有效部分进行选取，然后采用数据预处理技术对数据中的无效数据、冗余数据、零数据等进行清洗和删除，接着采用数据挖掘技术对有效数据进行挖掘，最后将有用的数据通过专门的应用系统进行分析与展示。其中，数据挖掘技术是采用人工智能的思维方式而设计的数据处理技术，主要包括决策树、聚类、神经网络等多种数据处理技术，通过数据挖掘的处理，最终对清洗后的数据进行有效的分类，最后通过专门的应用系统对分类的数据进行分析、处理、展示，使用形象直观的方式展示有价值的信息。在整个数据挖掘过程中，真正体现人工智能的是数据挖掘环节，数据选取、数据预处理是数据挖掘之前的准备工作，后期的数据分析与评估是数据挖掘之后的常规数据处理工作。

数据挖掘包含很多技术和算法，例如以二叉树原理为模型的决策树技术，以及智能分类的聚类技术，这些都是以数据分类为核心的数据挖掘技术。决策树是以二叉树原理为基本模型的，所有的数据都需要通过决策树的根节点，然后按照固定的算法分析，流向其子节点，依次计算直到最终的子节点。某个数据经过该模型时，首先按照固定的算法进行计算，分析出该数据与父节点的差异度，然后根据结果流向其子节点。例如，一个对电子产品非常喜爱的人，在经过决策树模型之后会流向"购买"的子节点一类中。在数据挖掘过程中，经过选取和预处理的数据，都要经过决策树模型进行分类，最终落到其相关的区域中。决策树的模型相对比较简单，关键环节就是如何判断一个数据归属于哪一个节点。在决策树 C4.5 算法的具体实现中，在数据分类分析环节加入了信息增益比的概念，即待挖掘的数据通过计算得到信息增益比，比值比较高的进入相应的节点中。简单的理解就是，对源数据落入两个子节点的概率进行计算，概率高的进入该分类节点中的可能性就比较大。

数据分析和挖掘的功能主要体现在以下方面。

1. 类或概念描述：特征化和区分

数据可以与类或概念相关联，一个概念常常是对一个包含大量数据的数据集合总体情况的概述。对含有大量数据的数据集合进行综述性的总结并获得简明、准确的描述，这种描述就称为类或概念描述（Class/Concept Description）。

2．关联分析

关联分析（Association Analysis）是指从给定的数据集中发现频繁出现的模式知识，又称为关联规则（Association Rules），广泛应用于市场营销、事务分析等领域。

3．分类和预测

分类（Classification）是指找出一组能够描述数据集合典型特征的模型（或函数），以便能够分类识别未知数据的归属或类别（Class），即将未知事例映射到某种离散类别。分类模式（或函数）可以通过分类挖掘算法，从一组经过训练的数据（其类别归属已知）中学习获得。

4．聚类分析

聚类技术则是另一种数据挖掘分类技术，与决策树的比值计算不同，聚类算法（技术）是无目的的分类，即采用聚类算法分析数据时，只需要将其定义分为几个簇群即可，并不用指定什么样本在簇群。在聚类技术中，k-means 算法是常见的一种算法，其核心思想就是通过指定的簇群个数，将源数据生成对应个簇群中心，离该中心较近的即该簇群的数据。k-means 算法的核心就是如何生成簇群中心，以及如何判断源数据与该簇群中心的距离。k-means 算法采用欧氏距离作为源数据与簇群中心距离的计算公式，首先按照分类个数任意选取对应个数的数据，然后将该数据作为每个簇群中心，接着对源数据与簇中心进行计算，在限定距离范围内的数据即可划分到相应簇群中直至结束，最后计算每个簇群的数据平均值，并且与原有簇群中心进行比较，如果不符合要求，则将该平均值作为新的簇群中心，再次从头循环分类源数据，直到簇群中心值与新的平均值比值符合一定的要求，即可结束算法处理过程。经过 k-means 算法的聚类过程，最理想的结果就是平均地得到对应个数的簇群，从而实现限定簇群个数的聚类过程。

聚类分析（Clustering Analysis）与分类预测的明显不同之处在于，后者通过学习获得分类预测模型所使用数据的类别属性是已知的，属于有监督学习方法，而聚类分析所分析处理的数据均是无类别或事先没有确定类别属性的。

5．孤立点分析

数据库中可能包含一些与数据的一般行为或模型不一致的数据对象，这些数据对象称为孤立点（Outlier）。大部分数据挖掘方法将孤立点视为噪声或异常而丢弃，然而在一些应用场合，如各种商业欺诈行为的自动检测中，小概率事件往往比经常发生的事件更有挖掘价值。孤立点数据分析也通常称为孤立点挖掘（Outlier Mining）。

6. 演变分析

数据演变分析（Evolution Analysis）是指对随时间变化的数据对象的变化规律和趋势进行建模描述，建模手段包括概念描述、对比概念描述、关联分析、分类分析、时间相关数据分析等。

为了实现这些功能，人们提出了许多行之有效的数据挖掘技术和算法，IEEE International Conference on Data Mining（ICDM）在 2006 年 12 月评选出的十大经典算法为 C4.5、k-Means、SVM、Apriori、EM、PageRank、AdaBoost、kNN、Naive Bayes 和 CART。

7. C4.5 算法

C4.5 算法是一种分类决策树算法，其核心算法是 ID3 算法。C4.5 算法继承了 ID3 算法的优点，并在以下几方面对 ID3 算法进行了改进。

- 用信息增益率来选择属性，克服了用信息增益选择属性时，偏向选择取值多的属性的不足；
- 在构造树的过程中进行剪枝；
- 能够完成对连续属性的离散化处理；
- 能够对不完整数据进行处理。

8. k-means 算法

k-means 算法是一个聚类算法，它把 n 个对象根据它们的属性分为 k 个类别（$k>n$）。它与处理混合正态分布的最大期望算法很相似，因为二者都试图找到数据中自然聚类的中心。k-means 算法假设对象属性可以向量化，优化的目标是使各个类别内部的均方误差总和最小。

9. 支持向量机算法

支持向量机算法是一种监督式分类方法，广泛应用于统计分类及回归分析中。支持向量机算法将向量映射到一个更高维的空间里，在这个空间里建立了一个最大间隔超平面。在分开数据的超平面的两边建有两个互相平行的超平面，间隔超平面使两个平行超平面的距离最大化。这一算法假定平行超平面间的距离越大，分类器的总误差就越小。

10. Apriori 算法

Apriori 算法是一种最有影响的挖掘布尔关联规则频繁项集的算法，其核心是基于两阶段频集思想的递推算法。该关联规则在分类上属于单维、单层、布尔关联规则。在这里，所有支持度大于最小支持度的项集称为频繁项集，简称频集。

11．最大期望算法

在统计计算中，最大期望（Expectation Maximization，EM）算法是在概率模型中寻找参数最大似然估计的算法，其中概率模型依赖于无法观测的隐藏变量。最大期望算法经常用在机器学习和计算机视觉的数据聚类（Data Clustering）领域。

12．PageRank

PageRank 是 Google 算法的重要内容，2001 年 9 月获得美国专利。PageRank 根据网站的外部链接和内部链接的数量与质量衡量网站的价值。PageRank 背后的概念是，每个到页面的链接都是对该页面的一次投票，被链接得越多，意味着该网页得到的投票就越多。

13．Adaboost 算法

Adaboost 是一种迭代算法，其核心思想是为同一个训练集训练不同的分类器（弱分类器），然后把这些弱分类器集合起来，构成一个更强的最终分类器（强分类器）。其算法本身是通过改变数据分布来实现的，根据每次训练集中每个样本的分类是否正确，以及上次总体分类的准确率，来确定每个样本的权值，将修改过权值的新数据集送给下层分类器进行训练，最后将每次训练得到的分类器融合起来，作为最后的决策分类器。

14．kNN 算法

k 最近邻（k-Nearest Neighbor，kNN）分类算法是一个在理论上比较成熟的方法，该方法的思路是：如果一个样本在特征空间 k 个最相似（即特征空间中最邻近）样本中的大多数属于某一个类别，则该样本也属于这个类别。

15．朴素贝叶斯模型

朴素贝叶斯模型（Naive Bayesian Model，NBC）起源于古典数学理论，有着坚实的数学基础及稳定的分类效率；同时，NBC 所需估计的参数很少，对缺失数据不太敏感，算法也比较简单。理论上，NBC 与其他分类方法相比具有最小的误差率，但是实际上并非总是如此，这是因为 NBC 假设属性之间是相互独立的，但这个假设在实际应用中往往是不成立的。在属性个数比较多或者属性之间相关性较大时，NBC 的分类效率不如决策树模型；而在属性相关性较小时，NBC 的性能最好。

16．分类与回归树

分类与回归树（Classification and Regression Trees，CART）主要涉及两个问题：一是递归地划分自变量空间，另一个是用验证数据进行剪枝。

3.2.3　可视化

科学计算可视化是在 20 世纪 80 年代后期提出并发展起来的一个新的研究领域。为了理解数据之间的相互关系及发展趋势，人们开始研究用于表示抽象信息的可视化技术，通过科学计算可视化来启发和促进对自然科学的更深层认识，从而发现规律并应用于生产领域。科学计算可视化运用计算机图形学和图像处理技术，将科学计算过程中产生的数据及计算结果转换为图形或在屏幕上以图像的形式显示出来，并进行交互处理。

实际上，随着相关技术的发展，科学计算可视化的含义已经被逐渐扩展，它不仅包括科学计算数据的可视化，也包括工程计算数据、测量数据等一切大数据产生、挖掘、分析的领域。大数据可视化覆盖了多门学科的研究领域，它融合了计算机图形学、图像处理学、科学与符号计算、计算机视觉等领域的知识。

3.3　大数据采集与存储

3.3.1　结构化/非结构化数据

1．结构化数据

结构化数据指的是以固定字段驻留在一个记录或文件内的数据，它事先被人为地组织过，依赖于一种确保数据如何存储处理和访问的模型。结构化查询语言（SQL）通常用于管理关系型数据库中的结构化数据表。

2．非结构化数据

非结构化数据指的是没有一个预定义的数据模型或不是以一种预先已经定义好的方式进行组织的数据，数据不必以某种方式组织，直接按照学科进行分组分类，如自由文本、图像、音频、视频等。

3．半结构化数据

半结构化数据是跨结构化和非结构化的数据，其数据结构和内容混杂在一起，具有结构化数据中的字段特征，但不适合关系型数据库模型。常见的半结构化数据包括 XML、HTML 文件等。

3.3.2 关系型/非关系型/新型数据库

1. 关系型数据库

关系型数据库是指采用了关系模型来组织数据的数据库。关系模型是 1970 年由 IBM 的研究员 E. F. Codd 博士首先提出的，在之后的几十年中，关系模型的概念得到了充分发展，并逐渐成为主流数据库结构的主流模型。简单来说，关系模型指的就是二维表模型，而一个关系型数据库就是由二维表及其之间的联系所组成的一个数据组织。

关系模型中常用的概念如下。

- 关系：可以理解为一张二维表，每个关系都具有一个关系名，即通常所说的表名。
- 元组：可以理解为二维表中的一行，在数据库中经常被称为记录。
- 属性：可以理解为二维表中的一列，在数据库中经常被称为字段。
- 域：属性的取值范围，也就是数据库中某一列的取值限制。
- 关键字：一组可以唯一标识元组的属性，在数据库中常称为主键，由一个或多个列组成。
- 关系模式：指对关系的描述，其格式为"关系名（属性 1，属性 2，…，属性 N）"，在数据库中称为表结构。

关系型数据库的优点如下。

（1）容易理解：二维表结构是非常贴近逻辑世界的一个概念，关系模型相对网状、层次等其他模型来说更容易理解。

（2）使用方便：通用的 SQL 语言使得操作关系型数据库非常方便。

（3）易于维护：丰富的完整性（实体完整性、参照完整性和用户定义的完整性）大大降低了数据冗余和数据不一致的概率。

但关系型数据库也存在许多性能上的瓶颈，如难以满足高并发的读写需求，扩展性和可用性低、数据一致性维护开销庞大等。

2. 非关系型数据库

最早的非关系型数据库可以追溯到 1991 年 Berkeley DB 第一版的发布，Berkeley DB 是一个键-值（Key-Value）类型的 Hash 数据库，这种类型的数据库适用于数据类型相对简单，但需要极高的插入和读取速度的嵌入式场合。

非关系型数据库的快速发展始于 2007 年，Google 和 Amazon 的工程师分别发表了有关

BigTable 和 Dyname 数据库的论文，描述了他们已经在用的新型数据库的设计思想。从 2007 年至今，先后出现了十多种流行的非关系型数据库产品。BigTable 数据库提出了列存储模型，证明了数据持久存储可以扩展到数以千计的节点；Dynamo 数据库提出了最终一致性思想，在以社交网络为代表的应用中，两个用户看到同一个好友的数据更新存在时间差是可以容忍的，降低对一致性的要求可以带来更高的可用性和可扩展性；分布式缓存系统 Memcached 则展示了内存分布式系统极高的性能，现已被广泛应用于关系型数据库中查询结果的缓存。

3．新型数据库

Carlo Strozzi 在 1988 年提出了 NoSQL，他的本意是开发一个没有 SQL 功能、轻量级的、开源的关系型数据库。今天，NoSQL 并不单指一个产品或者一种技术，而是代表一类产品，以及一系列不同的、有时相互关联的、有关数据存储及处理的理念，其意义在于：适用关系型数据库时，就使用关系型数据库；不适用时，可以考虑更合适的数据存储。

NoSQL 非关系型数据库技术使用松耦合的数据模式，支持水平伸缩，拥有在磁盘和内存中的数据持久化能力，支持多种 Non-SQL 接口来进行数据访问。NoSQL 的数据模型包括键-值（Key-Value）对、面向文档的存储、列式存储和图结构存储等，支持复杂的查询、弱事务机制，支持冗余备份、多种数据同步方式保证可靠性，支持散列分区和范围分区来进行分布式扩展，强调最终一致性。

3.3.3　分布式存储集群

分布式存储集群采用分布式文件系统（Distributed File System，DFS），它的典型使用方式如下。

- 文件非常大，如 TB 级的文件。
- 文件极少更新，更确切地说，文件作为某些计算的数据读入，并且没有额外的数据追加到文件尾部，如机票预定系统的数据量虽然很大，但由于数据变化过于频繁，并不适合采用分布式存储集群。

在 DFS 中，文件被分成文件块（Chunk），文件块的大小通常为 64 MB。文件块会被复制多个副本，放在多个计算节点上。另外，存放同一文件块不同副本的节点应分布在不同设备上，这样在某个设备发生故障时就不至于丢失所有的副本。

为了寻找某个文件块，需要一个被称为主节点（Master Node）或名字节点（Name Node）的文件。主节点本身可以有多个副本，文件系统的总目录可以用于寻找主节点的副本。总目录本身也可以有多个副本，所有使用 DFS 的用户都知道总目录副本所在的位置。

上述分布式文件系统已经在多个集群中得到实际应用，如 Google 文件系统（Google File System，GFS）和 Hadoop 分布式文件系统（Hadoop Distributed File System，HDFS）。

3.4　大数据分析与挖掘

3.4.1　HDFS 与 MapReduce

Hadoop 是一个由 Apache 基金会开发的分布式系统基础架构，用户可以在不了解分布式底层细节的情况下，开发分布式程序进行大数据分析和挖掘。Hadoop 的核心是 HDFS 和 MapReduce，前者为海量的数据提供了存储，后者为海量的数据提供了计算[1, 2, 3]。

1. HDFS

HDFS（Hadoop Distribute File System）为 Hadoop 提供高性能、高可靠、高可扩展的存储服务，非常适合在廉价硬件集群上运行，以流式数据访问模式来存储超大文件。HDFS 的典型架构如图 3.2 所示，一个典型的 HDFS 集群中有一个 NameNode、一个 SecondaryNameNode 和至少一个 DataNode。所有的数据均存放在运行 DataNode 进程的节点的块（Block）里。

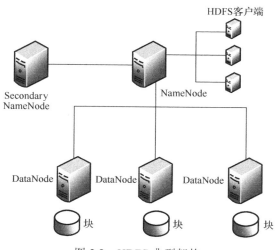

图 3.2　HDFS 典型架构

（1）块。每个磁盘都有默认的数据块大小，这是磁盘进行数据读写的最小单位，而文件系统也有块的概念，文件系统块的大小只能是磁盘块的整数倍。例如，磁盘块大小通常为 512 B，EXT3 文件块的大小为 4096 B。HDFS 同样有块的概念，但是 HDFS 的块比一般文件系统的块大得多，默认值为 64 MB，并且可以随着实际需要而修改。需要特别注意的是，HDFS 中小于一个块大小的文件不会占据整个块的空间。较大的块大小可以最小化寻址开销，从而使得传输一个由多个块组成的文件的时间仅依赖于磁盘的传输效率。

（2）NameNode 和 SecondaryNameNode。NameNode 是名字节点，是 HDFS 主从架构的主角色扮演者。NameNode 维护着整个文件系统的目录树，以及目录树里的所有文件和目录。这些信息以两种文件存储在本地文件中，即 FSImage（File System Image）和 Edit Log，每次在 NameNode 启动的时候默认会加载最新的 FSImage。

SecondaryNameNode 为第二名字节点，用于定期合并 FSImage 和 Edit Log 的辅助守护进程。每个 HDFS 集群中都有一个 SecondaryNameNode，一般情况下，SecondaryNameNode 也会单独运行在一台服务器上。

（3）DataNode。DataNode 称为数据节点，是 HDFS 主从架构的从角色扮演者，它在 NameNode 的指导下完成 I/O 任务。对于 DataNode 来说，块就是一个普通的文件。在集群正常工作时，DataNode 不断向 NameNode 报告本地修改的相关信息，同时接收来自 NameNode 的指令，并创建、移动或删除本地磁盘上的数据块。

（4）HDFS 客户端。HDFS 客户端是用户和 HDFS 交互的手段，HDFS 提供了许多客户端，包括命令行接口、Java API、Thrift 接口、C 语言库、用户空间文件系统等。

2．MapReduce

MapReduce 源于 Google 的一篇论文，它充分借鉴了分而治之的思想，将一个数据处理过程拆分为 Map（映射）和 Reduce（简化）两步，这样即使用户不懂分布式计算框架的内部运行机制，只要能用 Map 和 Reduce 描述清楚要处理的问题，就能轻松地在 Hadoop 上实现。

MapReduce 操作数据的最小单位是一个键值对。用户使用 MapReduce 编程模型时，首先需要将数据抽象为键值对的形式，接着 map 函数以键值对作为输入进行处理，产生一类新的键值对作为中间结果输出到本地。MapReduce 计算框架会自动对这些中间结果进行聚合，并将键值相同的数据按用户设定的规则分发给 reduce 函数处理。经过 reduce 函数处理后，产生了另外一系列键值对作为输出。

我们用一个例子——数出一叠扑克牌中各种花色的数目，来解释上述过程。假设每一张牌有一个唯一的编号 cardID，则 map 函数的输入键值对为 cardID-count，如 "11-1" 表示 cardID 为 11 的扑克牌有 1 张，输出键值对为 cardMark-count，表示花色和对应的数目。如果有 A、B 两个人同时数牌，A 获得一叠扑克牌的一半，B 获得另一半，他们执行相同的 map 函数。MapReduce 将输出键值对分发给 reduce 函数完成相同花色的累和，并输出最终结果。如果用表达式表示这个过程，即

$$\{cardID, count\} \rightarrow \{cardMark, List<count>\} \rightarrow \{cardMark, count\}$$

把牌分给多个人并且让他们各自数数，实际上就是在并行地执行运算。由于不同的人在解决同一个问题的过程中并不需要知道他们的邻居在干什么，这意味着这项工作是分布式的。

3.4.2 分布式大数据挖掘算法

数据挖掘方法主要包括分类（Classification）、估计（Estimation）、预测（Prediction）、关联规则（Association Rules）、聚类（Clustering）、描述和可视化（Description and Visualization）等。这里我们以聚类为例介绍分布式大数据挖掘算法。

聚类的目标是将相似的对象进行分组，为了实现这一目的，通常需要对原始数据进行向量化和标准化，用标准化的向量来代表一个物体的特征。常用的标准化方法有如下两种。

（1）min-max 标准化。min-max 标准化也称为离差标准化，是对原始数据的线性变换，使结果映射到 $[0,1]$，转换函数为

$$x^* = \frac{x - \min\{x\}}{\max\{x\} - \min\{x\}}$$

（2）z 分数标准化。根据原始数据的均值和标准差进行数据的标准化，将原始数据转换为 z 分数，经过处理后数据符合标准正态分布，转换函数为

$$x^* = \frac{x - \mu}{\sigma}$$

原始数据经过向量化和标准化后，可以计算出对象之间的相似性。常用的相似性度量有如下 4 种。

（1）欧氏距离。两个 n 维向量 $(a_1, a_2, \cdots, a_n)$ 和 $(b_1, b_2, \cdots, b_n)$ 之间的欧氏距离为

$$d = \sqrt{(a_1 - b_1)^2 + (a_2 - b_2)^2 + \cdots + (a_n - b_n)^2}$$

（2）平方欧氏距离。平方欧氏距离的值为欧氏距离的平方，两个 n 维向量 $(a_1, a_2, \cdots, a_n)$

和 $(b_1, b_2, \cdots, b_n)$ 之间的平方欧氏距离为

$$d = (a_1 - b_1)^2 + (a_2 - b_2)^2 + \cdots + (a_n - b_n)^2$$

（3）曼哈顿距离。两个点之间的曼哈顿距离是指它们坐标差的绝对值之和，两个 n 维向量 $(a_1, a_2, \cdots, a_n)$ 和 $(b_1, b_2, \cdots, b_n)$ 之间的曼哈顿距离为

$$d = |a_1 - b_1| + |a_2 - b_2| + \cdots + |a_n - b_n|$$

（4）余弦距离。余弦距离是用向量空间中两个向量夹角的余弦作为衡量两个对象差异大小的度量，两个 n 维向量 $(a_1, a_2, \cdots, a_n)$ 和 $(b_1, b_2, \cdots, b_n)$ 之间的余弦距离为

$$d = 1 - \cos\theta = 1 - \frac{a_1 b_1 + a_2 b_2 + \cdots + a_n b_n}{\sqrt{a_1^2 + a_2^2 + \cdots + a_n^2}\sqrt{b_1^2 + b_2^2 + \cdots + b_n^2}}$$

接下来我们将介绍两种著名的聚类算法及其 MapReduce 实现。

（1）k-means 算法。k-means 算法是一种迭代型聚类算法，它将一个给定的数据集分为用户指定的 k 个簇，每个簇都用一个点（簇均值或簇中心）来代表，簇的集合可表示为

$$\text{Cost} = \sum_{i=1}^{N} (\arg\min_j \|x_i - c_j\|^2)$$

伪代码如下：

```
从数据集 D 中随机选取 k 个数据点，构成初始簇中心集合 C
repeat
    将 D 中的每个数据点重新分配至与之最近的簇
    更新簇中心
until 代价函数 Cost 收敛
```

k-means 算法对初始簇中心非常敏感，不同的初值可能会导致最终结果的差异很大。为了选取最优的 k 值和初始簇中心，我们可以使用 Canopy 算法。

（2）Canopy 算法。Canopy 算法不需要事先指定簇的个数，该算法将聚类分成两个过程：第一个过程，选择简单、计算代价较低的方法计算对象的相似性，将相似的对象放在一个子集中，通过计算得到若干 Canopy，不同的 Canopy 之间可能相互重叠，但一定覆盖了所有的对象；第二个过程，根据第一步生成的 Canopy，使用较复杂、精确的方法再次进行聚类。

Canopy 算法的第二个过程可以使用 k-means 完成，而第一步则为 k-means 得到 k 值和初始的簇中心，下面以图 3.3 为例着重分析 Canopy 算法第一个过程。

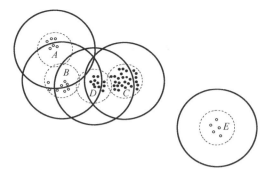

图 3.3　Canopy 算法第一个过程

① 将数据集向量化，得到一个集合（图 3.3 中各点），选择两个距离阈值 $t_1 > t_2$（图 3.3 中实线圆半径为 t_1，虚线圆半径为 t_2）。

② 从集合中选取一点 P，计算 P 到所有 Canopy 的距离，如果点 P 到某个 Canopy 的距离在 t_1 以内，则将 P 加入该 Canopy。

③ 如果点 P 曾经与某个 Canopy 的距离在 t_2 以内，则 P 与该 Canopy 足够近，不可以作为其他 Canopy 的中心；如果 P 与所有 Canopy 的距离均大于 t_2，则点 P 新增为一个 Canopy。

④ 重复步骤②和③直到集合处理完成。

如图 3.3 所示，一共生成了 $k = 5$ 个 Canopy，以每一个 canopy 的中心作为初始簇中心，继续使用 k-means 算法即可完成聚类。

（3）Canopy 算法的 MapReduce 实现。如图 3.4 所示，在 map 输入阶段，整个数据集被切割成若干片，每个 map 任务的输入是数据集的一部分。在 map 阶段，每个 map 任务执行 Canopy 算法，生成一些 Canopy。所有生成的 Canopy 分发到一个 reduce 函数，取其中心后再执行一次 Canopy 算法，这样 reduce 的输出就可以作为 k-means 的初始簇中心。

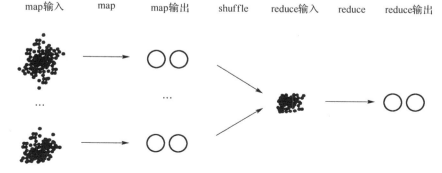

图 3.4　Canopy 算法的 MapReduce 实现

（4）k-means 算法的 MapReduce 实现。以 k-means 的一次迭代为例，假设初始簇中心个数为 2，如图 3.5 所示。将输入数据集切割后送入不同的 map 任务，每个 map 任务将输入的点归类到最近的簇中心并输出。在 shuffle 阶段，根据 map 任务输出的簇中心分发至不同的 reduce 任务。在 reduce 阶段，计算一次平均值并输出，可以得到两个新的簇中心，这两个新的簇中心将作为下一次迭代的输入，不断循环，直至收敛。

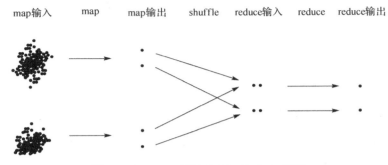

图 3.5　k-means 算法的 MapReduce 实现

3.5　大数据可视化

可视化就是将数据、程序、复杂系统的结构及动态行为用图形、图像、动画等直观的形式表示，其本质是从抽象数据到可视结构的映射。待可视化的数据通常有以下几种类型。

（1）一维数据：一维数据通常有一个密度维，典型的一维数据是时序数据，它在每一个时间点有一个或多个数据值。

（2）二维数据：二维数据有两个不同的维度，一个典型的例子是地理数据，它包含经度和纬度两个不同的维。*X-Y* 坐标是显示二维数据的典型方法。

（3）多维数据：许多数据集包含超过三个维度的属性，这样就不能简单地作为二维或三维数据直接在坐标系中显示。一个典型的例子是关系型数据库中的表，表的每一列都表示一种属性。典型的对多维数据进行描述的方法有平行坐标、密集像素显示技术、散点图矩阵、星形坐标等。

（4）文本和超文本：不是所有数据都可以用维度来表示的，非结构化的文本和超文本就不能被轻易地描述为数字。多数情况下，首先需要将这样的数据转换为向量描述，然后应用可视化技术。

（5）其他数据类型：这些数据类型包括图形、层次数据、算法和软件等。图形可以表示一般数据之间的内部依赖关系，而大量的信息集合都有严格的层次结构，如企业的部门机构组织等。层次数据类型可视化的一种常见方法是将相关数据转化成一棵树。

算法和软件可视化的目的是帮助对算法和程序的理解，以此来支持软件的开发，如流程图、代码结构图等。

常用的可视化技术如下。

（1）标准的 2D/3D 技术：如 X-Y（X-Y-Z）坐标、条形图、折线图等，这是最常用的数据可视化表达方式。

（2）几何转化显示技术：包括用矩阵方式排列的散点图矩阵、把截面和投影组合起来的解剖视图、把 n 维数据属性映射到 n 条等距离平行轴的平行坐标法、把 n 维数据属性映射到二维平面上共点射线的星形坐标法等。

（3）图标显示技术：其基本思想是把每个多维数据项画成一个图标，图标可以被任意定义。

（4）密集像素显示技术：其基本思想是把每一维数据映射到一个彩色的像素上，并把属于每一维的像素归入邻近的区域。该技术可以可视化大量的数据，如果每个数据都能用一个像素表示，那么主要的问题是如何在屏幕上安排这些像素。密集像素技术根据不同的目的采取不同的安排方式，显示的结果可以为局部关系、依赖性和热点提供详细的信息。

著名的例子有递归模式技术（Recursive Pattern Technique）和圆周分段技术（Circle Segments Technique）。递归模式技术基于普通的递归不断地安排像素，其目标是按照一个属性以自然的顺序表示数据集，用户可以为每个递归层指定参数，以控制像素的安排，形成在语义上有意义的子结构。圆周分段技术将圆周分成若干部分，每部分对应一个属性，在每个部分中，属性值由一个有颜色的像素表示。

（5）层叠式显示技术：该技术以分层的方式将数据分开表示在子空间中，将 n 维属性划分成二维平面上的子区域，子区域彼此嵌套，对这些子区域仍以层次结构的方式组织并以图形方式表示。层叠式显示技术的基本思想是将一个坐标系统嵌入另外的坐标系统中，属性被划分成几个类。结果视图的有效性在很大程度上依赖于外层坐标上数据的分布，因此用来定义外层坐标系统的维数必须仔细选择。

在处理大数据可视化技术中，为有效地研究数据还需要一些交互和变形技术。交互和变形技术可以使数据分析人员直接和视图交互，并且按照研究对象动态地改变视图。根据领域知识和主观判断，用户利用交互变形技术可以使视图以不同的效果呈现出来，从不同的角度对数据进行分析观察，从而达到良好的数据分析效果。不同的数据可视化方法，对应的视图交互和变形技术也有所不同，如以上介绍的各个数据可视化方法，都有各自的交互和变形技术供用户在与数据视图进行交互时使用。

3.6 本 章 小 结

大数据时代同时提供了机遇和挑战，除了诸如计算机病毒、盗版软件，以及对服务器的恶意攻击等这些熟悉的问题之外，我们还看到出现了一些新出现的问题，包括操纵和篡改他人数据，以及伪造和假冒他人身份等。所有这些问题都会降低人们对互联网的信任，而这样的信任一直以来都是互联网良好服务品质的标志。在互联网基础上的商业、产业的大规模拓展，已经改变了我们思考、研究计算机信息处理技术和网络互联技术的方式。这种规模效应所造成的紧迫性是存在可以利用的海量信息的结果，因为这些信息为科学研究及其商业交易提供了机会。

本章 3.1 节介绍了大数据的来源，并给出了大数据的定义和特点；3.2 节是对大数据技术体系的综述，主要包括大数据的采集和存储技术，数据分析和挖掘的功能、经典方法，以及大数据可视化的含义和技术发展；3.3 节介绍大数据采集和存储的基本知识，主要讨论了结构化、非结构化和半结构化数据的含义，从关系型数据库到新型非关系型数据库的发展过程，以及分布式存储集群的基本结构和典型使用方式；3.4 节首先介绍了 Hadoop 的核心 HDFS 和 MapReduce，然后以聚类（Clustering）为例讨论了分布式大数据挖掘算法及其 MapReduce 实现；3.5 节介绍了大数据可视化技术中常见的待可视化数据类型，以及常用的可视化技术。

参 考 文 献

[1] 范东来. Hadoop 海量数据处理——技术详解与项目实战[M]. 北京：人民邮电出版社，2015.

[2] 梁亚声，徐欣，等. 数据挖掘原理、算法与应用[M]. 北京：机械工业出版社，2015.

[3] 王振武，徐慧. 数据挖掘算法原理与实现[M]. 北京：清华大学出版社，2015.

[4]　何琦. 大数据时代的计算机信息处理技术分析[J]. 信息系统工程，2016（5）.

[5]　宗威，吴锋. 大数据时代下数据质量的挑战[J]. 西安交通大学学报:社会科学版，2013，33（5）:38-43.

[6]　田茂林. 大数据时代的计算机信息处理技术研究[J]. 无线互联科技，2016（2）:92-94.

[7]　葛敏娜. 浅析大数据背景下的计算机信息处理技术[J]. 电脑知识与技术:学术交流，2016（1）:3-4.

[8]　赵春雷. 大数据时代的计算机信息处理技术[J]. 世界科学，2012（2）:30-31.

第 4 章

大数据信息处理与分析应用

4.0 引　言

　　语音是人与人之间最自然、最重要的交流方式。随着科学技术的发展及无线通信网络的普及，传统的计算机不再是信息存取的唯一平台，有可能取而代之的是各种各样的手持式设备（如 PDA、Mobile Phone 等）以及人们生活中的智能设备。人们迫切需要一种便捷的方式来实现人与机器的自然交互，语音识别技术因此应运而生。从语音识别技术诞生的那天开始，人们就致力于赋予计算机类似于人耳一样的听觉能力，通过对语音数据的分析与处理，来获取蕴含其中的语音信息，并以此作为智能设备应答以及高层次语音理解的基础。因此，在大数据信息处理中，基于场景分析的大数据语音信息处理尤为重要。

　　语音识别是解决机器"听懂"人类语言的一项技术。作为智能计算机研究的一个主导方向和人机语音通信的关键技术，语音识别技术一直受到科学界的广泛关注。如今，随着语音识别技术研究的突破，其对计算机发展和社会生活的重要性日益凸显。以语音识别技术为基础开发出的产品应用领域非常广泛，如声控电话交换、信息网络查询、家庭服务、宾馆服务、医疗服务、银行服务、工业控制、语音通信系统等，几乎深入到了社会生活和生产的各个行业、各个方面。

　　按照任务的不同，语音识别技术可以分为四个方向：说话人识别、关键词检出、语言辨识和语音识别。

　　（1）说话人识别技术是以语音对说话人进行区别，从而进行身份鉴别和认证的技术。

　　（2）关键词检出技术应用于一些具有特定要求的场合，只关注那些包含特定词的句子。

（3）语言辨识技术是通过分析处理一个语音片段以判别其所属语言种类的技术，本质上也是语音识别技术的一个方面。

（4）语音识别技术就是通常人们所说的，以说话的内容作为识别对象的技术，它是四个方面中最重要，也是研究最广泛的一个方向。

目前，语音识别技术已经在诸多领域得到广泛应用。随着信息产业的迅速发展，包括计算机、办公自动化、通信、国防、机器人在内的各个领域，都迫切需要采用语音识别技术来改变极其不方便的人机接口方式。语音识别技术就是让机器通过识别和理解过程，把语音信号转变为相应的文本或命令的一种技术，其根本目的是研究出一种具有听觉功能的机器，这种机器能直接接收人的语音，理解人的意图，并做出相应的反应。把这种具有语音信息处理能力的机器和设备纳入人的语音交互对象，使之像人一样具备听、说、写功能，能对语音做出理解和反应，并在交互方式上不受时间和地点的限制，这是研究机器语音识别的重大意义之所在。

4.1　语音识别简介

4.1.1　语音识别技术

作为一项当今世界的热门技术，语音识别技术已经发展了 60 余年，其核心的识别思路与方式也经过了多次改变。语音识别技术最早可以追溯到 20 世纪 50 年代，贝尔实验室的 Davis K H、Biddulph R 和 Balashek S 在 1952 年就已经实现了对单一说话人的 0～9 数字的语音进行自动识别，其电路设计图如图 4.1 所示。

该识别系统将人类语音的共振峰作为特征，通过对语音中的共振峰进行识别，并将一段时间内的共振峰变化曲线作为模板，如图 4.2 所示，来实现对于不同语音的模板之间的匹配，用于进行指定词汇的识别。该方案基于语音的声学模型实现，但是仅使用少量的共振峰并不能有效地利用信号中的全部信息，再加上当时的识别完全由硬件电路实现，使得系统能够识别的词汇量非常有限。但是这是人类历史上的第一个自动的语音识别系统，可以说是语音识别史的开始。

要提高语音识别的准确率，就需要更加精确的特征。Itakura 与 Saito 在 1968 年提出通过对语音编码进行最大似然估计来实现语音的识别，也就是线性预测编码（Linear Predictive Coding，LPC）的前身。通过构建 LPC 系数，使得在模板匹配中可以使用更加准确的特征进行匹配，从而提高相同的模板与样本限制下语音识别的准确率。

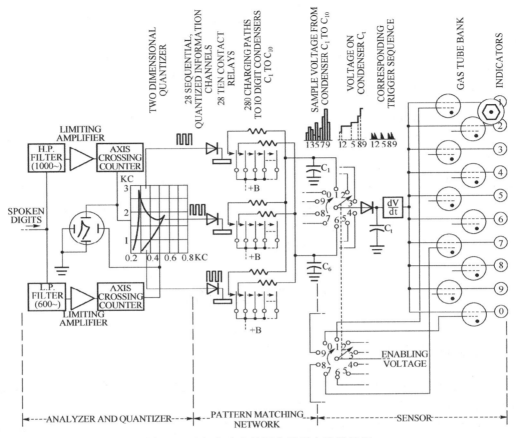

图 4.1　贝尔实验室的语音识别电路设计图

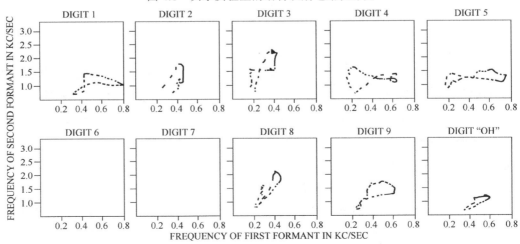

图 4.2　第一共振峰和第二共振峰在 10 ms 内的变化曲线

之后的语音识别算法一度依赖模板匹配，但此时模板匹配在解决语音长度的不确定性上较为乏力。为了解决这一问题，Sakoe 和 Chiba 在 1978 年改进了动态时间规整算法（Dynamic Time Warp，DTW）[3]，通过将一段语音分解为多个子片段，并不限制时间长度地进行匹配，使得不同长度的音频可以相互匹配，最终得到不同长度语音之间的相似度评估。由此在语音识别中可以将不同长度的语音与统一固定长度的模板进行匹配，有效提升了基于模板匹配的语音识别的算法的准确性与适用范围。

随着隐马尔科夫模型（Hidden Markov Model，HMM）的进一步发展与完善，Levinson、Rabiner 与 Sondhi 在 1983 年提出将 HMM 模型引入语音识别领域，以取代原有的模板匹配。不同于原有的、通过计算样本语音与模板之间的"距离"来判断识别结果，HMM 模型使得在语音识别中可以得到当前语音的特征序列对应不同识别结果的可能性，并随着之后的语音输入而进行状态转移。在状态转移概率可以得到较为准确建模的情况下，基于 HMM 的识别方式可以更准确地描述语音样本的状态，从而得到更好的识别准确率，之后的语音识别大都开始基于 HMM 模型。

在 HMM 的基础上衍生出了两种主流的语音识别方式。

（1）利用混合高斯模型（Gaussian Mixture Model，GMM）来对 HMM 的状态转移概率进行描述，从而实现语音识别，典型的有 Povey、Burget 和 Agarwal 于 2011 年提出的方案。

（2）使用神经网络来描述 HMM 的状态转移概率，使用的神经网络包含深度神经网络（Deep Neural Network，DNN）、递归神经网络（Recurrent Neural Network，RNN）、基于长短期记忆（Long-Short Term Memory，LSTM）的递归神经网络等不同的网络结构。通过对以上的神经网络进行训练可以得到更为贴近真实情况的状态转移概率，使得 HMM 模型更加准确，从而提高语音识别的准确率。

经过几十年的发展，目前的语音识别形成了如图 4.3 所示的基本框架。

对于原始的语音信号，首先进行特征提取，特征提取是从原始的语音信号中提取出特征序列，以供后续的部分使用，其提取的特征需要在能够准确描述语音信号的同时尽可能地减少描述所需要的变量，从而保证后续部分运算的正确性，同时也可减少后续部分运算的运算量。

语音识别的始祖，贝尔实验室的 0～9 识别，它提取的特征就是第一共振峰和第二共振峰。由于受到当时硬件的限制，所提取的特征并不能有效地描述原始语音，但是由于所需要区分的发音差异相对较大，从而可以对数字语音进行识别。实际上，语音识别需要的语音特征有两个核心：准确描述原始语音和减少参数数量。目前语音识别中常见的特征包括 LPC 系数、感知线性预测（Perceptual Linear Predictive，PLP）特征、梅尔频率倒谱系数（Mel Frequency Cepstral Coefficient，MFCC）等。利用语音的短时平稳特性，以帧为单位对特征进行提取，可以将用于处理的向量从一帧的几百个采样点压缩到几十甚至十几个特征参数上，从而在准确描述原始语音的同时大幅减少参数数量，降低后续部分的运算压力。

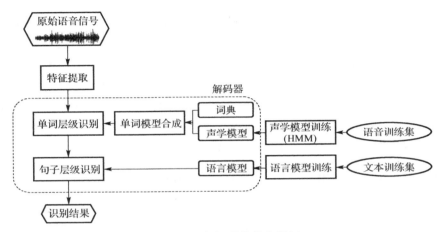

图 4.3　语音识别的基本框架

提取之后的特征送入解码器进行解码，首先进行的是单词层级识别。对于单词层级识别，需要先对解码器的该部分进行训练，根据已有的语音训练数据训练出一个特定模型，使得这个模型可以对输入的语音特征进行识别，判断输入的语音特征所对应的音素。同时需要准备一份词典（Lexicon），用来列举所有在语音中可能出现的单词及其对应的音素序列，如此便能在单独的音素与单词之间建立连接。通过由语音特征得到的音素序列比照词典中的音素序列进行识别，得到语音中包含的音素序列，从而对应单词完成单词层级识别。传统的识别方式是对每个音素进行训练，得到一个平均的模板，通过特征与每个音素的模板进行比较来完成音素级识别，而单词层级识别则依靠 DTW 算法，通过将原始语音特征序列匹配到最接近的音素序列上来完成单词层级识别。在 HMM 被提出并完善之后，语音识别由模板匹配走向使用 HMM 对音素进行建模，形成了目前常见的声学模型结构。对于已有的语音训练数据，在 HMM 模型中进行训练，使用其发射概率来描述给定输入语音特征下识别为各个音素的可能性，用于识别输入的特征，以得到音素。同时在由音素向单词的识别中，依靠 HMM 模型来计算所有单词，通过 HMM 模型出现该音素的概率来实现。

之后，依靠语言模型对单词层级识别的结果进行解码，从而得到句子层级识别的结果。为了得到句子层级识别的结果，首先需要根据现有的文本训练集进行语言模型训练。语言模型的重点在于根据句子层级的语法、固定搭配、典故等单词间关系来对可能出现的单词序列进行分析，从而得到合法的单词序列，并评估在给定单词层级识别结果的情况下最有可能出现的单词序列。根据语言模型分析得到的、可能出现的单词序列，可以预测在目前已经识别的单词序列下可能出现的下一个单词，来作为对单词层级识别的反馈，由此即可在单词层级识别结果出现一定程度错误（即正确单词处于较大概率但并不是最优结果）的情况下，根据语言模型进行校正，从而得到更准确、更合理的识别结果。

4.1.2　声学模型

构建声学模型的目的在于解析观测到的音素序列所对应的实际音素序列之间的关系。最早的模板匹配也算是声学模型的一种，通过计算样本语音的特征与每个模板之间特征的差异程度来判断观测到的音素序列与哪一个单词（对应的音素序列）更加接近，并以此作为识别结果。然而随着 HMM 模型的完善，其分离实际状态和观测结果的特性与语音识别的情况高度一致，通过 HMM 模型可以准确地描述人类发音时每个单词中音素序列的表达情况，因此 HMM 模型可以用于声学模型的设计。

第一个问题是：怎样才能知道每个单词应该发什么音。这就需要另一个模块，即词典（Lexicon），它的作用就是把单词串转换成音素串。词典一般是和声学模型、语言模型并列的模块。

有了词典的帮助，声学模型就知道给定的文字串该依次发哪些音了。不过，为了计算语音与音素串的匹配程度，还需要知道每个音素的起止时间。这是通过动态规划算法来进行的，利用动态规则算法可以高效地找到音素的分界点，使得每一段语音与音素的匹配程度（用概率表示）最大。实际使用的算法称为 Viterbi 算法，它不仅考虑了每一段语音与音素的匹配程度，还考虑了在各个音素之间转换的概率。转换的概率是通过隐马尔可夫模型（HMM）估计出来的。

声学模型是识别系统的底层模型，也是语音识别系统中最为关键的一部分，其目的是提供一种特定的声学单元模型序列计算观测特征矢量序列似然值的方法。每个声学单元一般用多个状态的 HMM 来描述，利用进入状态与退出状态将每个声学单元模型串联起来，从而与语音特征序列相对应。声学单元的大小对系统复杂度和识别率会产生很大的影响。在选择声学单元时，应考虑词汇量、系统的计算复杂度、系统的存储量、训练所需的数据量、单元在语音流中的稳定性等因素，可以采用词、音节（字）、声韵母（半音节）、音素等作为声学单元。一般说来，声学单元越小，稳定性就越差，识别难度就越大；但声学单元数量减少，模型共享性好，搜索空间减少，便于识别。汉语的发音同西方语言有很大的不同，汉语音节由声母和韵母构成，包括 22 个声母、38 个韵母，共 60 个，无调音节 408 个，有调音节大约 1300（仅考虑四声的情况）。汉语普通话中只有 35 个音素，但音素之间的分割十分困难，而且音素受协同发音的影响很大，因此，往往采用声/韵母或音节作为声学单元。如果考虑到语音的协同发音现象，可以采用上下文相关建模方法，从而使模型能更准确地描述语音。只考虑当前音的影响的称为单音子（Monophone），而只考虑前一音的影响的称为双音子（Biphone），考虑前一音和后一音的影响的称为三音子（Triphone）。而在连续语音识别系统中，考虑到词和词之间的协同发音，又有词内（Intra）和词间（Inter）之分，通常三音子的建模可以分为词内模型（Wordinternal）和跨词模型（Crossword）。

语音的声学特征主要包括：线性预测参数（LPC）、感知线性预测系数（PLP）和梅尔频率倒谱系数（MFCC）参数等。LPC 已经广泛应用于语音信号处理领域，它能够提供一个很好的声道模型及模型参数估计方法，利用以前的信号数据去预测当前的信号值。LPC 一般可通过 Durbin 或 Levinson 迭代算法求解维纳·霍夫方程来获得。PLP 提取感知线性预测倒谱系数，在一定程度上模拟了人耳对语音的处理特点，应用了人耳听觉感知方面的一些研究成果。

4.1.3 语言模型

在连续语音识别中，语言的知识也是重要的知识资源。对于大词汇量连续语音识别的情况，存在着大量容易混淆的候选序列，它们往往很难从声学特征上进行区分，并且候选空间非常大，只用声学模型难以进行可靠判断。通过引入语言内在的规律，可以对候选词序列进行有效的决策，并且可以减少搜索的空间，提高搜索效率。语言模型主要用来描述自然语言统计和结构方面的内在规律，语言模型的好坏将直接影响语音识别的性能。

语言模型可分成两类：一类是基于规则的；另一类是基于统计的。有限状态语法和 N-gram 语言模型都可以用来描述语言知识信息，两者区别在于前者是通过专家总结出来的规则，而后者是从训练数据中统计出来的。语言模型可以根据之前已经识别得到的单词序列来判断当前单词出现的概率，其中典型的是 N-gram 模型和有限状态语法。

N-gram 模型是通过历史上最近的几个单词来对当前的单词出现概率做出估计的，其思想非常简单，通过统计指定单词序列出现的频率来作为该单词序列出现的概率，对于之后输入的单词序列，根据条件概率公式通过最大似然估计找出在目前已有观测序列下最可能出现的下一个单词。考虑到对于大词汇量下有限的语料，会使绝大部分单词序列出现的概率为 0，从而影响语言模型的正常工作，因此需要进行平滑处理，使得在总概率为 1 的情况下保证所有的单词序列出现的概率都不为 0，从而避免对应单词序列无法识别的问题。对于 N-gram 模型，其中 N 是指训练中单词序列的长度，也就是要利用前 N–1 个单词来预测第 N 个单词。考虑到随着 N 的增大，算法的复杂度会呈指数级增长，同时也需要更多的文本来进行训练，因此在大多数情况下 N 的取值会比较小。本章实现的语音识别系统使用 3-gram 或者 4-gram 模型作为语言模型。

　　有限状态语法是通过人工构建一个有限状态机来对语法进行描述的。有限状态语法通过人工设计得到一个特定的状态机结构，通过对单词进行分类并设计不同状态之间的转移方式，来预测下一个可能出现的单词。由于是人工设计的结构，因此有限状态语法各不相同，且性能与设计的结构有很大的关联性。

　　简单地说，语言模型就是用来计算一个句子的概率的模型，即利用语言模型，可以确定哪个单词序列出现的可能性更大，或者给定若干个单词，可以预测下一个最可能出现的单词。举个音字转换的例子，输入拼音串"nixianzaiganshenme"，对应的输出可以有多种形式，如"你现在干什么"、"你在西安干什么"，等等，到底哪个才是正确的转换结果呢？利用语言模型，我们知道前者的概率大于后者，因此转换成前者在多数情况下比较合理。再举一个机器翻译的例子，给定一个汉语句子为"李明正在家里看电视"，可以翻译为"LiMingiswatchingTVathome"、"LiMingathomeiswatchingTV"，等等，根据语言模型，我们同样知道前者的概率大于后者，所以翻译成前者比较合理。

　　语言模型通过词典文件和声学模型联系起来，词典文件一般包括词表定义和发音列表，而语言模型则描述了这些词之间的内在关系。发音列表同语言模型、声学模型的关系如图 4.4 所示。

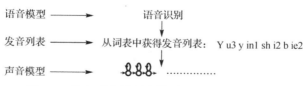

图 4.4　发音列表同语言模型、声学模型的关系

4.2　连续语音识别技术

4.2.1　连续语音识别原理

　　从连续语音识别模型的角度来看，主流的连续语音识别系统理论是建立在统计模式识

别基础之上的。连续语音识别的目标是利用语音学与语言学信息，把输入的语音特征向量序列 $\boldsymbol{X}=x_1$, x_2, $\cdots$, x_T 转化成词序列 $\boldsymbol{W}=w_1$, w_2, $\cdots$, w_N 并输出。基于最大后验概率的连续语音识别模型可以表示为

$$\boldsymbol{W} = \underset{\boldsymbol{W}}{\arg\max}\{P(\boldsymbol{W}\mid\boldsymbol{X})\} = \underset{\boldsymbol{W}}{\arg\max}\left\{\frac{P(\boldsymbol{W}\mid\boldsymbol{X})P(\boldsymbol{W})}{P(\boldsymbol{X})}\right\}$$

$$= \underset{\boldsymbol{W}}{\arg\max}\{P(\boldsymbol{X}\mid\boldsymbol{W})P(\boldsymbol{W})\} = \underset{\boldsymbol{W}}{\arg\max}\{\log P(\boldsymbol{X}\mid\boldsymbol{W}) + \lambda\log P(\boldsymbol{W})\}$$

上式表明，寻找的最可能的词序列连续语音识别基本原理是使 $P(\boldsymbol{X}\mid\boldsymbol{W})$ 与 $P(\boldsymbol{W})$ 的乘积达到最大，其中，$P(\boldsymbol{X}\mid\boldsymbol{W})$ 是特征矢量序列 $\boldsymbol{X}$ 在给定 $\boldsymbol{W}$ 条件下的条件概率，由声学模型决定；$P(\boldsymbol{W})$ 是 $\boldsymbol{W}$ 独立于语音特征矢量的先验概率，由语言模型决定。由于将概率取对数不影响 $\boldsymbol{W}$ 的选取，第四个等式成立；$\log P(\boldsymbol{X}\mid\boldsymbol{W})$ 与 $\log P(\boldsymbol{W})$ 分别表示声学得分与语言得分，且分别通过声学模型与语言模型计算得到；λ 是平衡声学模型与语言模型的权重。

从连续语音识别系统构成的角度来看，一个完整的连续语音识别系统包括特征提取、声学模型、语言模型、搜索算法等模块。连续语音识别系统本质上是一种多维模式识别系统，对于不同的连续语音识别系统，人们所采用的具体识别方法及技术各不相同，但其基本原理都是相同的，即将采集到的语音信号送到特征提取模块进行处理，将所得到的语音特征参数送入模型库模块，由声音模式匹配模块根据模型库对该段语音进行识别，最后得出识别结果。

语音识别系统是一般由声学特征提取、声学模型、语言模型和解码器组成，从语音数据提取声学特征并输入解码器，利用声学模型和语言模型在 MAP 准则条件下解码输出识别结果。大词汇量连续语音识别系统的基本框图如图 4.5 所示。

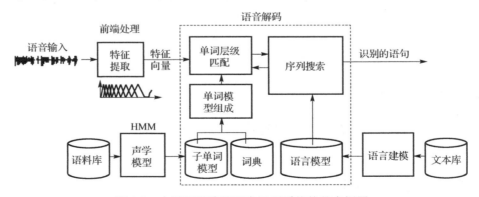

图 4.5 大词汇量连续语音识别系统的基本框图

由于语音信号在本质上属于非平稳信号，目前对语音信号的分析是建立在短时平稳性

假设之上的。在对语音信号作短时平稳假设后，通过对语音信号进行加窗，实现短时语音片段上的特征提取。这些短时片段被称为帧，以帧为单位的特征序列构成连续语音识别系统的输入。由于梅尔倒谱系数及感知线性预测系数能够从人耳听觉特性的角度准确地刻画语音信号，现在已经成为主流的语音特征。为补偿帧间的独立性假设，人们在使用梅尔倒谱系数及感知线性预测系数时，通常加上它们的一阶差分、二阶差分，以引入信号特征的动态特征。

4.2.2　HMM-GMM 声学模型

GMM-HMM 模型指的是在 HMM 的基础之上使用 GMM 作为计算状态转移概率的方式，HMM 的结构如图 4.6 所示。

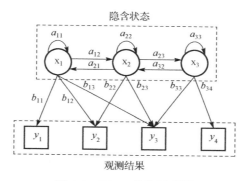

图 4.6　HMM 结构示意图

图 4.6 中，x 为实际状态，y 为观测结果，a 为状态间的状态转移概率，b 为每个状态对应不同观测的发射概率。

在语音识别中，对每一个单词建立一个 HMM，在每个单词的 HMM 中，每个实际状态对应一个音素，每个观测结果对应发音帧的特征。之后通过前向-后向算法训练得到状态初始概率、转移概率与发射概率，从而可以在输入指定观测音素序列的情况下通过维特比算法来得到最有可能得到观测音素序列的单词（也就是隐含的实际音素序列）。

GMM 的作用就在于描述实际观测的每一帧的特征属于某一音素的概率，首先根据 GMM 模型来对实际输入的特征序列进行训练，模拟每个音素实际发声对应不同特征的概率分布。GMM 使用多个正态分布（高斯分布）的叠加来描述事件发生的概率，其描述概率分布的公式为

$$P(x) = \sum_i \varphi_i N(\mu_i, \sigma_i^2)$$

式中，φ_i 表示第 i 个正态分布的权重，μ_i 表示第 i 个正态分布的均值，σ_i^2 表示第 i 个正态分布的方差。经过训练之后得到 GMM 来描述音素对应特征的概率分布，从而作为 HMM 的发射概率来寻找使观测特征序列概率最大的音素序列。

GMM-HMM 声学模型语音识别流程如图 4.7 所示。

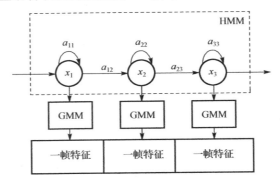

图 4.7   GMM-HMM 声学模型语音识别流程

输入声学模型的特征首先逐帧通过 GMM 来判断对应每个音素的概率（相似度），然后根据训练完成的 HMM 对输入帧的音素概率，使用维特比算法来搜索，找出最恰当的音素序列，其单词作为识别结果输出。

4.2.3　HMM-DNN 声学模型

相比之前的 HMM-GMM 技术，近些年来，随着深度神经网络（Deep Neural Network）技术的发展，越来越多的系统采用 HMM-DNN 技术。这项技术把描述特征发射概率的模型从混合高斯模型（GMM）替换为深度神经网络（DNN），从而使系统的错误率下降了 20%～30%。神经网络源于在 1943 年 McCulloch 仿照生物的神经活动提出的一种计算模型，1958 年 Frank Rosenblatt 提出了一种使用两层的浅层神经网络来进行模式识别的感知器模型。但是这之后神经网络的发展受到了重大阻力，由于其中存在两个关键问题：感知器模型并不能实现异或操作；当时的计算能力并不能满足大规模神经网络的运算需求。

幸运的是，1974 年 Werbos 提出了神经网络的后向传播（Back Propagation，BP）算法，该算法解决了神经网络不能实现异或操作的问题，并有效提高了多层网络的训练速度。即便如此，由于硬件限制与理论复杂性，在随后的一段时间里深度神经网络并没有得到长足的进步。在这一段时间内，各种浅层神经网络得到发展，出现了例如支持向量机

（Support Vector Machine，SVM）等算法，深度神经网络受到冷落。深度神经网络受到的冷遇止步于 2006 年，该年 Geoffrey Hinton 提出了深度学习的概念，在提升深度神经网络训练效率的同时证明了深度神经网络可以对特征进行更加本质的刻画，由此掀起了持续至今的深度神经网络的研究热潮。

基于 LSTM 的 RNN（以下简称 LSTM）是 RNN 的一种衍生网络结构。RNN 于 20 世纪 90 年代提出，并广泛应用于动态系统控制、姿势识别、自适应通信信道均衡等诸多方面。然而基于时间上反向传播（Back Propagation Through Time，BPTT）进行训练的 RNN 面临着两个严重问题：梯度爆炸和梯度消失。梯度爆炸会导致权重发生震荡，而梯度消失则会导致训练消耗过长时间甚至根本无法正常工作。受到这些限制，RNN 暂时只能用于较短序列的学习与识别。为此 Hochreiter 与 Schmidhuber 在 1997 年提出了对传统 RNN 的改进方案——LSTM。LSTM 在 RNN 原有的递归连接基础上加入了记忆单元以形成长短期记忆，同时添加了控制门，用以平衡残差在网络中的传播，从而避免了上述提到的 RNN 固有的两个问题。

然而 RNN 原有的记忆结构与 LSTM 加入的记忆单元，使得无论长/短期记忆均会对先到来的刺激拥有较深的记忆，因此在用于连续时间序列输入的情况下会导致记忆的刺激无限制增长。为此，Gers 在 LSTM 的基础上加入了遗忘门，使网络中的神经元可以自行忘掉或被迫忘掉部分记忆，从而解决以上问题，以处理较长的连续时间序列。目前常见的 LSTM 结构初步成型，Google 在 2014 年提出了一种 LSTM 的改进方案，通过加入递归投影层和非递归投影层，这种新型的 LSTM 能够更加有效地利用参数，从而在参数数量一致的情况下获得比传统 LSTM 更好的性能。

自 2006 年掀起深度学习热潮以来，由于其性能强于传统的 GMM 方案，神经网络在语音识别中开始发挥越来越大的作用。考虑到计算机的硬件计算能力逐渐得到发展，同时对图形处理器（Graphics Processing Unit，GPU）的应用也日渐成熟，更深的神经网络在硬件上得到支持。考虑到深度神经网络可以通过逐层初始化来回避深层带来的训练问题，同时随着深度的提高能更加有效地刻画特征的本质，在未来很长一段时间内，在运算性能没有受到限制的情况下，基于深度学习的语音识别将会成为主流。

但由于硬件发展增速的减缓，也应该考虑到可能的类似于 20 世纪 60 年代浅层神经网络曾面临的计算性能问题。此时的重点应向提高有限层数神经网络的效能，从而在有限的硬件资源下发挥更大的性能。

神经网络可以通过非线性激活函数来拟合任何非线性函数，可以使用神经网络来取代原有声学模型中的 GMM，用来计算每一帧的特征与每个音素的相似程度，其中最简单的结构就是 DNN。

DNN 的结构相对简单，其结构示意如图 4.8 所示。

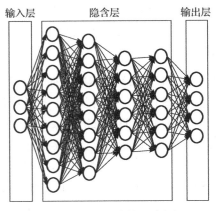

图 4.8　DNN 结构示意图

图 4.8 所示是一个拥有三个隐含层的深度神经网络，在相邻两层中，每层的每一个节点都与另外一层的所有节点有单向连接。数据由输入层输入，逐层向下一层传播。其正向传播的公式为

$$x_i^n = \sum_j w_{ji}^{n-1} y_j^{n-1}$$

$$y_i^n = f(x_i^n)$$

式中，x_i^n 为第 n 层第 i 个节点的输入，y_i^n 为第 n 层第 i 个节点的输出，w_{ij}^n 为第 n 层的 i 节点到第 $n+1$ 层的 j 节点之间的连接权重，f 为神经网络的激活函数，一般为非线性函数。DNN 可以通过改变连接权重来拟合任意的非线性函数，即每一个节点将所有连接到该节点的上一层节点的输出按照其连接权重进行求和，并作为该节点的输入，将输入经过激活函数得到输出来输入下一层网络，最后得到输出层的输出，这也是整个网络的输出结果。

整个网络需要的参数为每两层之间的连接权重 w_{ij}^n，即每两层之间所需要的参数数量为 $d_n \times d_{n+1}$，其中 d_n 为第 n 层的节点数量，这也是，第 n 层的向量维度。而激活函数由于是在网络生成最开始就确定的函数，并不占用参数数量因此整个 DNN 网络所需的参数数量为

$$N = \sum_{i=1}^{m-1} d_i \times d_{i+1}$$

式中，m 为整个网络节点总层数，包括输入层和输出层。

对于 DNN 节点间的连接权重，可采用 BP 算法来进行训练。对于给定的输入输出训练数据，BP 算法首先通过正向传播由输入得到输出，之后通过实际输出与理论上的正确输出之差得到残差，并根据激活函数与连接权重由输出层向输入层反向传播残差，计算出每一个节点与理想值之间的残差，最后根据每个节点的残差来修正节点间连接的权重，通过对权重的调整实现 DNN 输出的训练，以更加接近理论输出结果。

将 DNN 实际应用到语音识别的声学模型时，其识别流程如图 4.9 所示。

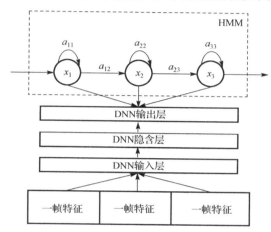

图 4.9　DNN-HMM 声学模型语音识别流程

DNN 输入层输入从每一帧音频中提取出的特征，通过网络的正向传播，在输出层输出当前帧对应不同音素的相似程度，从而作为 HMM 的发射概率来进行语音识别。特别地，考虑到 DNN 没有记忆特性，而语音信号即使是在音素层级上其前后也有相当强的相关，为了提高其在处理前后高度关联的语音信号中的表现，一般选择同时将当前帧的前后部分帧一同作为网络的输入，从而提高对当前帧识别的正确率。

4.2.4　LSTM 声学模型

应用于语音识别中的 LSTM 声学模型的思路和 DNN 类似，可以取代 GMM 模块，用于计算输入帧与各音素的匹配程度。2014 年 Google 提出了经过优化、更适用于大规模连续语音识别的 LSTM，其结构如图 4.10 所示。

图 4.10 中，$\bar{x}$ 为输入向量，$\bar{y}$ 为输出向量，i、f、o 分别为输入门、遗忘门、输出门，g、h 为两

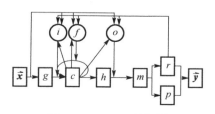

图 4.10　LSTM 结构图

个激活函数，c 为记忆细胞，m 为细胞的输出激活，r 为递归投影层输出，p 为可选的非递归投影层。

首先根据输入门判断输入的数据可以输入进入记忆细胞的比例，同时通过遗忘门来决定记忆细胞遗忘的比例。然后对记忆细胞残存的记忆部分和新输入的部分求和，作为记忆细胞的新记忆值，将新的记忆值根据输出门的控制得到记忆细胞的输出，并通过递归投影层进行降维，降维之后的结果一方面作为三个控制门的反馈，另一方面作为网络的输出，而非递归投影层则仅仅作为最终输出的补充，不会影响控制门。

LSTM 的前向传播递推公式为

$$i_t = \sigma(W_{ix}x_t + W_{ir}r_{t-1} + W_{ic}c_{t-1} + b_i)$$

$$f_t = \sigma(W_{fx}x_t + W_{rf}r_{t-1} + W_{cf}c_{t-1} + b_f)$$

$$c_t = f_t \odot c_{t-1} + i_t \odot g(W_{cx}x_t + W_{cr}r_{t-1} + b_c)$$

$$o_t = \sigma(W_{ox}x_t + W_{or}r_{t-1} + W_{oc}c_t + b_o)$$

$$m_t = o_t \odot h(c_t)$$

$$r_t = W_{rm}m_t$$

$$p = W_{pm}m_t$$

$$y_t = W_{yr}r_t + W_{yp}p_t + b_y$$

由于 LSTM 具有记忆细胞，所以需要使用下标 t 来表示 t 时刻的输出，以区分不同时刻的输出值。σ 为 Sigmoid 函数，通过非线性变换使三个控制门的输出范围映射到（0，1）；$\odot$ 表示向量的对应位置相乘。

LSTM 的参数数量主要取决于 W_{ix}、W_{fx}、W_{cx}、W_{ox}、W_{ir}、W_{rf}、W_{cr}、W_{or}、W_{ic}、W_{cf}、W_{oc}、W_{rm}、W_{pm}、W_{yr} 和 W_{yp}。假设 LSTM 网络的输入维度为 d_i，输出维度为 d_o，递归投影层输出维度 d_r，非递归投影层输出维度 d_p，记忆细胞数量为 d_c，那么其中 W_{ix}、W_{fx}、W_{ox}、W_{cx} 的参数数量为 $d_i \times d_c$，W_{ir}、W_{rf}、W_{cr}、W_{or} 的参数数量为 $d_r \times d_c$，W_{ic}、W_{cf}、W_{oc} 的参数数量为 d_c，W_{rm}、W_{pm}、W_{yr}、W_{yp} 的参数数量分别为 $d_c \times d_r$、$d_c \times d_p$、$d_r \times d_o$、$d_p \times d_o$。特别地，对于不包含递归投影层和非递归投影层的 LSTM 网络来说，可以简单认为 $d_r = d_o$，并且不计算递归和非递归投影层的参数，取而代之的是由记忆细胞输出 m 到实际网络输出 y 的权重矩阵 W_{ym}，参数数量为 $d_o \times d_c$。

因此 LSTM 网络的参数数量（不计入偏置 b_i、b_f、b_o、b_c）为

$$N_{\text{stardard}} = 4d_i d_c + 5d_o d_c + 3d_c$$

$$N_r = 4d_i d_c + 5d_r d_c + 3d_c + d_r d_o$$

$$N_{\text{rp}} = 4d_i d_c + 5d_r d_c + 3d_c + d_c d_p + d_r d_o + d_p d_o$$

式中，N_{stardard} 为不包含任何投影层的 LSTM 参数，N_r 为只包含递归投影层的参数，N_{rp} 为同时包含递归投影层和非递归投影层情况下的参数。本节使用的是带有递归投影层的 LSTM。

LSTM 的训练方式与 DNN 类似，也是 BPTT。由于 LSTM 的记忆特性，使得其记忆细胞值会随时间变化，因此在反向传播中不能单纯地考虑网络结构上先后的顺序，也需要考虑在时间轴上节点之间传播的顺序，如图 4.11 所示。

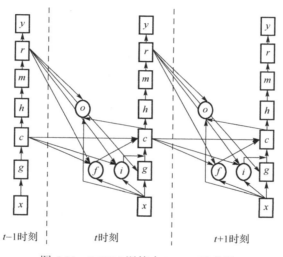

图 4.11　LSTM 训练中 BPTT 示意图

图 4.11 中，细线箭头为同一时刻传播方向，粗线箭头为不同时刻之间的传播方向。对于 t 时刻的网络来说，网络的正向传播同时要依靠 $t-1$ 时刻的记忆细胞 c_{t-1} 值，以及递归投影层输出值 r_{t-1} 来计算 t 时刻的各个节点值，因此在 BPTT 中，t 时刻节点的残差也需要依赖 $t+1$ 时刻的各个节点的值来进行，通过从网络结构上与时间上同时从后向前传播残差，并根据残差来对系数做出修正，从而优化 LSTM 的输出结果。

将 LSTM 实际应用到语音识别的声学模型时，其识别流程如图 4.12 所示。

与 DNN 不同，由于 LSTM 具有记忆特性，因此不需要额外的多帧输入，只需要输入当前帧即可。考虑到语音前后的关联性，一般会将输入的语音帧进行时间偏移，使得通过

对 t 时刻帧的特征计算得到的输出结果，是基于已知未来部分帧的特征之后进行的，从而提高了准确度。

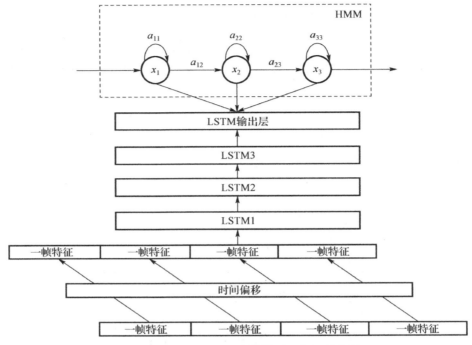

图 4.12 LSTM-HMM 声学模型语音识别流程

神经网络还有不少其他的结构，例如隐含层上带有递归连接的普通 RNN，具有权值共享特性的卷积神经网络（Convoluted Neural Network，CNN），以及其他 DNN、RNN、CNN 的衍生结构，这些结构理论上都可以用来构成语音识别的声学模型。

4.3 多语言语音识别技术

4.3.1 多语言语音识别原理

目前多语言语音识别基本上都还属于已有的特定语言识别技术范围内，还没有取得重大的突破性进展，总体而言，多语言语音识别沿处于起步阶段，只有在吸收并消化原有技术的基础上才能有所突破，这也符合科学研究的规律。

从整个系统框架来看，多语言语音识别技术可以分为两种方法。

（1）并行方法，就是把多个特定语言的识别器集成到一起，在前端加上一个语种识别模块，识别出语种之后再调用相应语言的识别器进行语音识别。

（2）定义一个多语言共享的 PhoneInventory，在 PhoneInventory 的基础上训练出多种语言共享的声学模型和语言模型。

在并行系统里，不同语言的识别器并行排列，分别使用各自的声学模型和语言模型。这种方法的优点是在语种识别正确的情况下具有很高的识别率，而且各种语言的系统相互独立，可以根据各自的语言特点进行相应的优化。缺点是需要大量的标注好的数据，用于声学模型和语言模型的训练，而且系统的负担很重，不易向新语种扩展，局限性很大。更有甚者，在没有进行语种识别的情况下，让每个识别器都单独对输入的语音数据识别一遍，得分最高的输出作为最后的识别结果。在现有的计算机软硬件条件下，这种系统还很难满足实际应用的要求。

第二种方法只使用一个识别器就可以识别不同语言的语音信号，在此框架之下，声学模型的参数是基于非特定语言的。这种方法的优点是不同语言之间可以实现数据共享，和并行系统相比，Phone 的个数也大大减少，扩展性好，易于加入新的语种；缺点是识别率会有所下降。

从具体的特征提取、声学建模和搜索算法来看，多语言语音识别还没有跳出已有的针对特定语言的语音识别技术框架。

4.3.2　建模单元共享技术

根据语音信号的声学基础及产生的模型，人类的发音学特征存在一定的共性。人类产生的语音的观测状态可以归属到一个统一的声学空间，在声学建模过程中，某一特定的音素集被用来描述对应的特定语种在这个统一声学空间中的子空间，各个语种的子空间具有一定的交叠性和相似性。利用上述共性特征，我们给出了共享建模单元的多语言声学建模思路。该思路首先定义一个多语言共享的统一音素集，各种单一语言的音素集是该统一音素集的子集，然后在这个音素集的基础上训练出多语言共享的声学模型，其参数是非特定语言的。

国际音标共享音素集（International Phonetic Alphabet，IPA）主要用于分辨口语里音位、语调，以及词语和音节的分隔等音质的对立成分，是多种语言通用的音素集，可实现对语音信号的统一声学空间的全覆盖，找到语言间的共性，用来实现不同语言之间的信息共享和非特定语言的声学建模。在实际使用中，WorldBet 和 X-SAMPA 作为一种计算机可读的国际音标代码符号，包含国际音标表中的所有音标，适合用作建模使用的音素集。

基于 IPA 的 DNN 声学建模：其输入为多语言语音信号的特征，如梅尔倒谱系数（Mel Frequency Cepstrum Coefficient，MFCC）、感知线性预测系数（Perceptual Linear Predictive，PLP）等，输出为基于 IPA 的三音子聚类状态。

4.3.3 模型参数共享技术

从结构上讲，DNN 由特征的多次非线性变换层和最后的逻辑分类层构成，它们共同作用将语音特征分类为各语种的音素状态。已有的研究表明，特征的多次非线性变换层（即 DNN 的隐含层结构）可以被认为是和语种无关的。

共享隐含层多语言深度神经网络：由于 DNN 的上述特性，我们借助多任务学习系统（多个相关联的任务同时训练并且彼此受益）来实现模型参数共享的声学建模，即共享隐含层多语言深度神经网络（Shared Hidden Layer Multilingual DNN，SHL-MDNN）。在该模型中，DNN 的隐含层在多个语言之间共享，而输出层（Softmax 层）是语言相关的 Block-Softmax 结构。在训练时，共享隐含层基于全部数据进行更新，各个独立的输出层则基于各语言自身的数据来更新。共享隐含层深度神经网络的结构如图 4.13 所示。

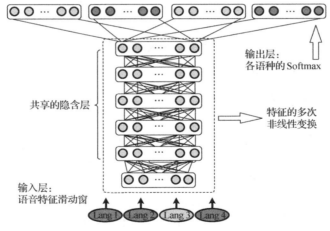

图 4.13　共享隐含层深度神经网络结构图

DNN 共享隐含层多语言深度神经网络可以采用基于区间的 Softmax 层（Block-Softmax）来实现，在通过前向算法进行后验概率计算的过程中，Softmax 计算后验概率，在训练中鉴别当前训练数据对应的语言种类。

SHL-MDNN 可用于小资源语言的辅助训练，由于 SHL-MDNN 中的共享隐含层可以被认为是和语种无关的特征变换器，因此可以作为基础模型来辅助训练其他语言（尤其是小资源语言）。具体做法是在共享隐含层加上随机初始化的输出层作为目标语言的初始化模型，然后使用目标语言的数据对部分或全部参数进行调整，当目标语言数据量较小时，只对目标语言初始模型的输出层做调整；随着数据量的增加，可以调整输出层和最后的 N 个隐含层（N 随着数据量的增加而增大，直至 N 等于隐含层的数目）。

4.4　本章小结

　　语音识别技术，就是让机器通过识别和理解过程，把人类的语音信号转变为相应的文本或命令的技术，属于多维模式识别和智能计算机接口的范畴。其研究目标是让计算机"听懂"人类口述的语言，这是人类自计算机诞生以来梦寐以求的想法。随着计算机软硬件和信息技术的飞速发展，这种想法更加迫切。人们越来越要求摆脱键盘的束缚，而代之以语音输入这样便于使用的、自然的、人性化的输入方式。此外，在实际应用中，许多潜在的语音识别任务都需要多种语言的支持，但其中一些语言会面临数据资源缺乏的情况，因此，能够对非目标语言的语音数据进行利用，弥补因目标语言资源受限而带来的缺陷的多语言声学模型建模方法，正逐渐成为当前语音识别研究领域的一个热点。

参 考 文 献

[1]　Davis K H,Biddulph R,Balashek S.Automatic recognition of spoken digits[J].The Journal of the Acoustical Society of America,1952,24(6): 637-642.

[2]　Itakura F,Saito S.Analysis synthesis telephony based on the maximum likelihood method[C]//Proceedings of the 6th International Congress on Acoustics.pp.C17–C20,1968,17: C17-C20.

[3]　Sakoe H,Chiba S.Dynamic programming algorithm optimization for spoken word recognition[J]. Acoustics, Speech and Signal Processing,IEEE Transactions on,1978,26(1): 43-49.

[4]　Levinson S E,Rabiner L R,Sondhi M M.An introduction to the application of the theory of probabilistic functions of a Markov process to automatic speech recognition[J].Bell System Technical Journal, The,1983,62(4): 1035-1074.

[5]　Povey D,Burget L,Agarwal M,et al.The subspace Gaussian mixture model—A structured model for speech recognition[J].Computer Speech & Language,2011,25(2): 404-439.

[6] Hinton G,Deng L,Yu D,et al.Deep neural networks for acoustic modeling in speech recognition: The shared views of four research groups[J].Signal Processing Magazine,IEEE,2012,29(6): 82-97.

[7] Graves A,Mohamed A,Hinton G.Speech recognition with deep recurrent neural networks[C]. Acoustics, Speech and Signal Processing (ICASSP),2013 IEEE International Conference on.IEEE,2013: 6645-6649.

[8] Sak H,Senior A,Beaufays F.Long short-term memory based recurrent neural network architectures for large vocabulary speech recognition[J].arXiv preprint arXiv:1402.1128,2014.

[9] 颜永红. 语言声学的最新应用[J]. 声学学报，2010，35（2）:241-247.

[10] 江铭炎，李浩. 语音识别的研究与进展[J]. 信息技术与信息化，1999（2）:27-28.

[11] Dahl G E,Yu D,Deng L,et al.Context-Dependent Pre-trained Deep Neural Networks for Large Vocabulary Speech Recognition[J].IEEE Transactions on Audio Speech & Language Processing,2012,20(1):30-42.

[12] Imseng D,Bourlard H,Dines J,et al.Applying Multi- and Cross-Lingual Stochastic Phone Space Transformations to Non-Native Speech Recognition[J].IEEE Transactions on Audio Speech & Language Processing,2013,21(8):1713-1726.

[13] 颜永红，李军锋，应冬文. 语音中元音和辅音的听觉感知研究[J]. 应用声学，2013（3）:231-236.

[14] Matsuda S,Lu X,Kashioka H.Automatic localization of a language-independent sub-network on deep neural networks trained by multi-lingual speech[J].2013:7359-7362.

[15] Luo K H,Lai H.A Hybrid LES-Acoustic Analogy Method for Computational Aeroacoustics[M].Direct and Large-Eddy Simulation VI.Springer Netherlands,2006:537-544.

[16] 肖业鸣，张晴晴，宋黎明，等. 深度神经网络技术在汉语语音识别声学建模中的优化策略[J]. 重庆邮电大学学报（自然科学版），2014，26（3）.

[17] Cetin O,Magimai-Doss,Livescu K,et al.Monolingual and crosslingual comparison of tandem features derived from articulatory and phone MLPS[C]// Automatic Speech Recognition & Understanding, 2007.ASRU.IEEE Workshop on.2008:36-41.

[18] 颜永红. 语言声学与内容理解研究进展[J]. 应用声学，2012（1）:35-41.

[19] 麦耘. 对国际音标理解和使用的几个问题[J]. 方言，2005（2）:168-174.

[20] 董滨，颜永红. 用于人机交互终端的语音识别技术及标准[J]. 中国标准化，2013（z1）.

[21] McCulloch W S,Pitts W.A logical calculus of the ideas immanent in nervous activity[J].The bulletin of mathematical biophysics,1943,5(4): 115-133.

[22] Rosenblatt F.The perceptron: a probabilistic model for information storage and organization in the brain[J].Psychological review,1958,65(6): 386.

[23] Minsky M L,Papert S.Perceptrons : an introduction to computational geometry[M].MIT Press,1988.

[24] Werbos P.Beyond regression: New tools for prediction and analysis in the behavioral sciences[J].1974.

[25] Hinton G E,Osindero S,Teh Y W.A fast learning algorithm for deep belief nets[J].Neural computation, 2006,18(7): 1527-1554.

[26] Ku C C,Lee K Y.Diagonal recurrent neural networks for dynamic systems control[J].Neural Networks, IEEE Transactions on,1995,6(1): 144-156.

[27] Murakami K,Taguchi H.Gesture recognition using recurrent neural networks[C]//Proceedings of the SIGCHI conference on Human factors in computing systems.ACM,1991: 237-242.

[28] Kechriotis G,Zervas E,Manolakos E S.Using recurrent neural networks for adaptive communication channel equalization[J].Neural Networks,IEEE Transactions on,1994,5(2): 267-278.

[29] Hochreiter S,Schmidhuber J.Long short-term memory[J].Neural computation,1997,9(8): 1735-1780.

[30] Gers F A,Schmidhuber J,Cummins F.Learning to forget: Continual prediction with LSTM[J].Neural computation,2000,12(10): 2451-2471.

[31] Gers F A,Schraudolph N N,Schmidhuber J.Learning precise timing with LSTM recurrent networks[J].The Journal of Machine Learning Research,2003,3: 115-143.

第 5 章

基于场景分析的大数据信息处理技术基础与应用

5.0 引　　言

在当今信息爆炸的时代，信息过量几乎成为每个人都需要面对的问题。如何从大量的数据中找到真正有用的信息成为人们关注的焦点。数据挖掘就是从大量的、不完全的、有噪声的、模糊的、随机的数据中，提取隐含在其中的、人们事先不知道的、但又是潜在有用的信息和知识的过程。

数据挖掘是一门广义的交叉学科。它汇聚了不同领域的研究者，尤其是数据库、人工智能、信息处理、数理统计、可视化、并行计算等方面的学者和工程技术人员。同时，数据挖掘思想也为这些领域的发展指出了一个新的研究方向，使智能信息处理有了新的技术和手段。数据挖掘的应用主要体现在以下几个方面。

通信运营商在客户关系管理的流程中，为了准确、及时地进行经营决策，必须充分获取并利用相关的数据和信息对决策过程进行辅助支持，数据挖掘技术就是实现这一目标的重要手段。数据挖掘技术在通信行业客户关系管理中的主要应用包括客户消费模式分析、客户市场推广分析、客户欠费分析、动态防欺诈、客户流失分析等。

随着先进科学数据收集工具的使用，遥感遥测、天文观测、分子技术等领域的数据量非常大，传统的数据分析工具已经无能为力，迫切需要一种强大的、智能化的自动数据分析工具。这种需求推动了数据挖掘技术在科学研究领域的应用发展，并取得了一些重要的成果。

　　零售业积累了大量的销售数据，如顾客购买历史记录、货物进出、消费与服务记录等，数据量不断迅速膨胀，特别是由于日益增长的电子商务，使得零售业成为数据挖掘的一个重要应用领域，通过数据挖掘，如关联规则挖掘，能够对商场销售数据进行分析，从而得到顾客的购买特性，并据此采取有效的策略，促进利润的最大化。此外，一些制造公司不仅将基于数据挖掘的决策支持系统用于支持市场营销活动，而且已经使用决策支持系统来监视制造过程。

　　银行可以根据客户信用进行分析，尽量降低银行的贷款风险，同时对不同信用度的客户调整贷款发放策略；对金融数据的分析还可以侦破洗黑钱和其他金融犯罪活动。

　　此外，对医疗领域数据的挖掘可用于病例、病人行为特征的分析，以及用于药方的管理；对司法领域数据的挖掘可用于案件调查、案例分析、犯罪监控；对生产加工领域数据的挖掘可用于进行故障诊断、生产过程优化；对网络入侵检测领域数据的挖掘可以发现异常的访问模式，从而有效地防止黑客的攻击等。本章分别介绍了遥感大数据自动分析与数据挖掘、语音大数据关键词自动识别、大数据教学分析、社交网络大数据关系推荐、金融服务大数据风险预警等几类典型的大数据自动分析与数据挖掘系统。

5.1　遥感大数据自动分析与数据挖掘系统

　　近年来，随着信息科技和网络通信技术的高速发展及信息基础设施的完善，全球数据呈爆发式的增长，大数据应运而生。在遥感和地球观测领域，随着对地观测技术的发展，人类对地球的综合观测能力达到空前的水平。不同的成像方式、不同波段和分辨率的数据并存，遥感数据日益多元化；遥感影像数据量显著增加，呈指数级增长；数据获取的速度加快，更新周期缩短，时效性越来越强，遥感数据呈现出明显的大数据特征。

　　传统的遥感服务模式还停留在比较"原始"的阶段，即对于遥感数据的利用主要包括以下几个阶段。

　　（1）查找不同时间分辨率和不同空间分辨率的遥感数据，并花费巨资买下来。

　　（2）购买遥感数据处理和应用软件，如 ENVI、Erdas、PCI、ArcGIS、eCognition、GXL、TaiTan 和 SuperMap 等。

　　（3）将遥感数据及遥感数据处理和应用软件部署到计算机系统，并进行预期的处理和应用。

（4）由于数据是高价买来的，在数据使用完后还要用存储系统（如磁盘阵列）将数据存储起来。

概括起来，传统遥感服务模式的遥感数据获取成本高、处理技术难度大、数据应用时效差、数据质量无保障等。为了解决传统遥感服务模式中的问题、普及遥感应用和产业协同发展，中科遥感集团与中国资源卫星应用中心等联合发布了全球遥感行业首个一站式遥感平台——遥感集市。遥感集市结合云计算技术和遥感产业的需求的特点，实现了遥感数据云、遥感信息云、遥感设施云、遥感云终端等实际应用，并在此基础上构建了遥感产业生态圈，如图 5.1 所示。

图 5.1　一站式遥感平台——遥感集市

遥感集市构建了"数据、软件、设施、开发一体化协同服务"遥感产业生态圈，如图 5.2 所示，并通过自营及包括中国资源卫星应用中心、中国科学院云计算中心、美国 Planet Labs 卫星公司和德国 CloudEO 公司等在内的第三方平台，搭建遥感行业的生态体系，进行大数据积累和挖掘分析，整合遥感上、中、下游全行业产业链。

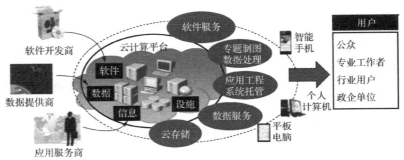

图 5.2　遥感集市的生态圈

5.1.1　遥感集市的组成

遥感集市主要由六大模块组成，即数据中心、信息产品、云工作台、应用汇集、定制服务及遥感社区。

数据中心可提供海量遥感影像数据资源的在线预览、在线加工处理及下载服务。这些数据包括每日最新、标准数据、免费数据等，此外还提供定制数据服务。这些数据的提供商包括美国 Planet Labs 公司、中国资源卫星应用中心等。

信息产品主要是基于数据中心海量遥感影像的数据资源，提供包括农业、林业、国土、水利、环境等在内的全行业专题监测，以及综合信息服务报告等标准服务产品和解决方案。

云工作台基于"虚拟机-软件-数据"服务模式，为用户提供在线数据处理加工、存储、应用开发等服务，提供针对个人的云工作台和针对团队的云工作室，以及各种专业云工作台，如 eCognition 云工作台、PCI 云工作台和 ENVI 云工作台等。

应用汇集主要提供影像数据、API 接口、专业软件、运行搭载、快速推广、创业孵化等全方位支撑。

遥感集市还提供影像数据、信息产品、API 接口的定制化服务。遥感社区可定期发布最新业界资讯，提供行业技术支持，打造"遥感人"的分享交流、讨论平台。

遥感集市的数据服务和云工作台等基于中科院云计算中心，凭借其强大的计算、储存和网络资源，可以保障 PB 级海量储存和计算能力。

5.1.2　遥感集市提供的数据分析和挖掘服务

如前所述，遥感集市是集数据采集、数据处理、数据分析和挖掘于一体，以及在此基础上的产品生产、软件研制、应用开发、系统集成、设备制造、技术支持等在内的"集市"。

遥感集市所提供的数据分析和挖掘服务除了在云工作台提供的，诸如 PCI Geomatica、ENVI 和 eCognition 的遥感数据在线分析处理工具和应用，以及针对全行业提出的一系列数据分析服务等，还有第三方平台提供的服务。

云工作台提供的遥感数据在线分析处理工具解决了用户在计算机上部署遥感数据处理软件所带来的大量时间消耗问题。此外，基于虚拟机的处理软件也给用户提供高性能的数据分析。比如，eCognition 是世界上第一个遥感信息分类与提取的专业软件，是智能化影像分析的地理空间信息分析平台，是首个模拟人类大脑认知原理与计算机超级处理能力有机结合的产物，在将对地观测遥感影像数据转化为空间地理信息时表现为更智能、更精确、更高效。

　　遥感集市提供的行业服务囊括农业、林业、国土、水利、环境等多个领域，提供的解决方案包括国土资源监测、林业遥感监测、农业遥感精细监测、三维自动建模技术、生态环境监测、水环境监测等。例如，针对 2013—2015 年东莞市土地利用变化情况，基于东莞市 2013 年和 2015 年"高分一号"16 米遥感影像数据，遥感集市以并行计算的计算机集群为硬件基础，以行业领先的面向对象信息提取技术为基本支撑，以变化信息提取算法为核心，采用并行计算的方式，使用自动化的变化检测方法，快速识别不同土地利用类型的变化情况，如图 5.3 所示。

图 5.3　2013—2015 年东莞市土地利用变化情况

　　遥感集市也云集了国内外一系列先进的遥感技术研究与应用课题组及高新企业，包括中国科学院遥感与数字地球研究所的水体光学遥感课题组、德国 CloudEO 公司、北京析云科技有限公司及北京天目创新科技有限公司等。这些第三方机构可以为客户提供更为专业和定制的服务，包括更深层次的数据分析和数据挖掘。比如，北京析云科技有限公司是基于遥感影像增值服务为核心的高新技术企业。该公司的业务包括智能化图像信息提取服务、海量影像分析技术服务、遥感图像应用解决方案、大数据在线分析定制开发、工程化遥感影像解译与分析及大数据分析解决方案等。针对遥感大数据分析，该公司提出了 Spectrum 空间信息分析解决方案、大数据在线分析解决方案等。其中，大数据在线分析解决方案又包括溢油监测方案、土地利用方案、作物监测方案、历史变化监测、目标识别方案和损毁统计方案等，如图 5.4 所示。

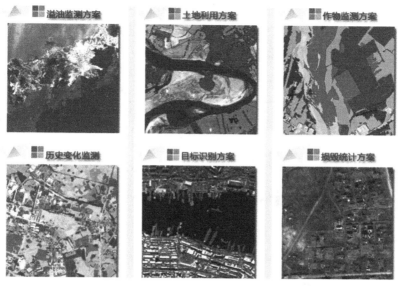

图 5.4　析云科技大数据在线分析解决方案

早期遥感集市的重心在数据服务的基础建设和云平台的布局上，近来和未来会更注重遥感大数据的挖掘与分析，把大数据预测与决策服务搬到平台服务上，通过全球一张图的每天更新形成动态地球平台，洞察地表实时变化，让企业和人们在决策前得到更客观的变化信息。正是凭借其优质的服务和强大的技术支持，遥感集市被称为中国版的"Google地球"。目前，遥感集市的用户除了科研人员、3S 从业者、行业用户等，还包括政府单位、普通公众。从专业到大众，再到遥感数据的采集、分析、处理，遥感集市为用户提供了全方位的服务。

5.2　语音大数据关键词自动识别系统

语音是人类沟通和获取信息最自然、便捷的手段，以现代信息技术为支撑的智能语音技术为人机交互带来根本性的改变，在诸如呼叫中心、电话营销中心中，语音数据大多是非结构化的大数据。这些数据包含客户身份信息、偏好选择、服务投诉、业务咨询等重要信息，是金融、保险等行业优化服务质量、提高运营效率、进行营销决策及产品服务设计的重要参考。在大数据时代，语音数据正变为一种重要的业务资产。

目前，我国的呼叫中心服务仍存在很多问题，如人工质检能力有限、效率低下、成本过高等，无法支撑现有的服务体系，严重制约着企业的发展。普强信息技术有限公司立足语音识别和语音分析技术，自主研发了"千寻"360 度语音分析系统，如图 5.5 所示。该系统可以对呼叫中心中庞大的客户对话录音内容进行全面的质检和挖掘分析，感知客户的情感倾向，建立客户满意度评测模型和外呼实践知识应用管理体系。

图 5.5 "千寻" 360 度语音分析系统

"千寻" 360 度语音分析系统支持数据挖掘，如对话信息分割、语速信息、静音时长、识别可信度、声纹信息、音素信息、时间边界、情绪分析等功能，将呼叫中心座席与客户的对话实时接入"千寻"系统的算法和模型，不仅能将不同地域口音的来电转换成文字，还能标注出关键用词。该系统全文识别率可达 75%以上，关键词识别率可达 90%以上。

5.2.1 语音分析系统语音识别和文本挖掘技术

"千寻" 360 度语音分析系统采用的语音识别技术主要包括特征提取、模型训练、解码匹配等。其中，模型训练包括声学模型和语言模型，如图 5.6 所示。其具体技术实现如表 5.1 所示。

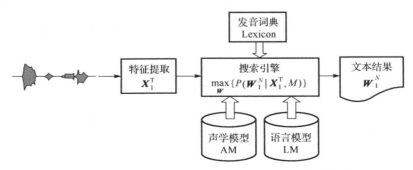

图 5.6 "千寻" 360 度语音分析系统语音识别技术的实现

表 5.1　"千寻" 360 度语音分析系统语音识别技术的实现与特点

主要技术		早 期 技 术	最 新 技 术	技 术 提 升 点
特征提取		MFCC	Filter Banks	DNN 模型不需要特征分布独立的假设，Filter Banks 使 DNN 能够更好地捕捉语音的特性
模型训练	声学模型	HMM+GMM	HMM+DNN	GMM 假设语音是短时平稳随机过程，不符合发音特征；DNN 抛弃该假设，更能体现出语音非平稳的特点，相对准确性提高 30%
	语言模型	基于语法的模型	统计语言模型（NGram）	大规模的文本语料和模型更好地描述了语言的上下文特征，与语言的自然映射更精准
解码匹配		基于词树的解码	维特比解码+统一的解码网络 WFST	统一解码网络使得解码结构更简洁，速度更快

"千寻" 360 度语言分析系统文本挖掘的实现思路和采用的关键技术如图 5.7 所示。

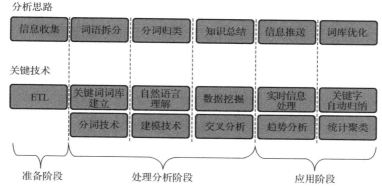

图 5.7　"千寻" 360 度语音分析系统文本挖掘的实现思路和采用的关键技术

5.2.2　语音分析系统支持的功能

"千寻" 360 度语音分析系统支持的功能可以分为语音转写、文本挖掘和系统设置三大类别，如表 5.2 和图 5.8 所示。

表 5.2　"千寻" 360 度语音分析系统的功能

功能分类	功　　　　能
语音转写	全文转写、话者分离、静音识别、时间边界、音素识别、情绪侦测、语速检测、声纹识别
文本挖掘	分类趋势、交叉分析、原因挖掘、领域词库、热点趋势、建模管理、专题分析、文法搜索
系统设置	API 开发、报表定制、系统设置、录音测听

基于以上功能，借助"千寻" 360 度语音分析系统对呼叫中心庞大的对话录音进行全面的质检和挖掘分析，可以实现以下功能。

（1）质量管理：对呼叫中心进行全面检查，提高客服质量管理的效率和覆盖度。

（2）策略支撑：可以进行趋势分析、多维交叉分析、数据对比分析，定位发生问题的原因。

（3）风险分析：对销售失败和竞争对手的信息进行捕获，及时调整话术、流程及策略，提升营销能力。

（4）数据全景：基于客户进行全面的分析，与大数据系统结合打造呼叫中心360度全景视图。

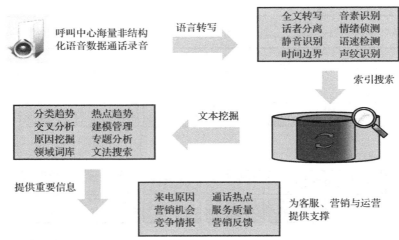

图 5.8 "千寻"360度语音分析系统的功能分析

5.2.3 语音分析系统支持的应用场景

"千寻"360度语音分析系统可以运用在销售行为分析、服务质检分析和运营类语音分析等场景，如表5.3所示。

表 5.3 "千寻"360度语音分析系统的应用场景

应用场景	具体应用	内　容
销售行为分析	销售类分析项	通过分析有购买意向的录音，并结合最终的购买结果，主要关注座席，对座席的营销能力进行训导
	客户类监控项	通过关键词组合来进行匹配，主要关注客户，对客户特征、客户行为、营销阶段、产品推荐进行分析
	培训类监控项	通过对座席产能进行分析，主要关注高产座席和低产座席的区别，分析其技巧、技能、话术的不同，可以对高产销售录音进行推广
服务质检分析	服务禁忌语	通过关键词组合来进行匹配，分析这类的录音，主要关注座席，对座席的服务能力进行训导
	分析制定标准话术	通过关键词组合来进行匹配，分析这类的录音，主要关注座席，对座席的标准话术进行规范

续表

应用场景	具体应用	内　容
运营类语音分析	原因挖掘	通过交叉分析来发现问题集，再通过原因挖掘功能和少部分录音回放来定位产生问题的根本原因
	重复来电	统计重复来电业务类下其他业务类别的排行榜
	静音时长	通过对录音的静音时长进行剖析，了解每个录音静音时长、静音占比
	通话时长	超长通话同座席工号、业务类型分别交叉分析

据悉，某一专注于中小学生个性化教育、学员遍布全国的课外辅导机构，曾经电话营销效率低下，存在着诸多问题，比如呼入电话为网络电话、不显示来电号码、电话营销成单率低等。该机构在采用了"千寻"360 度语音分析系统以后，通过关键词提取、分类分析、对比分析及情境分析等方法针对问题得出了分析结果，再根据此结果设计了一套规范化的沟通方式，使得该机构的电话营销成单率在三个月内由 8.2%提升到了 14.1%。

5.3　MOOC 大数据教学分析系统

2012 年以来，大规模在线开放课程（Massive Open Online Courses，MOOC）在全球迅速兴起，这给传统高等教育带来了巨大的震动，也引发了全球高等教育的重大变革。仅在 2012 年，美国的顶尖大学就陆续建立了网络学习平台，提供在线课程，并形成了Coursera、Udacity、edX 三大 MOOC 平台。此外，互联网、人工智能、多媒体信息处理、云计算等信息技术的快速发展，给在线教育的发展提供了坚实的支撑。基于社交网络的师生间、学生间的互动技术，以及基于大数据分析的学习效果测评技术的应用，特别是教育数据挖掘和学习分析技术受到教育界和学术界等领域研究者的日益关注。

清华大学于 2013 年 5 月加盟 edX，6 月组建团队并启动基于 edX 开放源代码的中文平台研发工作，在多视频源、关键词检索、可视化公式编辑、编程作业自动评分、用户行为分析等方面进行了改造。同年 10 月，学堂在线正式对外发布，同时开放了第一批的五门课程。2014 年 4 月，教育部在清华大学设立了在线教育研究中心。学堂在线目前运行了包括清华大学、北京大学、麻省理工学院、斯坦福大学等国内外顶尖高校的 400 余门优质课程。在 2015 年发布的"全球慕课排行榜"中，学堂在线成为拥有最多精品好课的三甲平台。学堂在线与 edX、斯坦福大学、法国国家慕课平台、育网、我国台湾新竹清华大学慕课等平台互换课程，以开放的姿态，加速教育资源的全球共享，如图 5.9 所示。

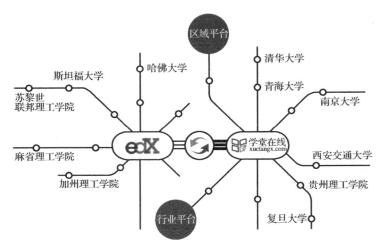

图 5.9　学堂在线的教育资源共享

5.3.1　学堂在线的组成

（1）系列课。学堂在线是国际 MOOC 平台 edX 在中国大陆的唯一授权运营合作伙伴，同时与国内几十所重点高校达成战略合作，目前已形成通识课系列、创业课系列、思政课系列、计算机课系列、大学先修课系列、专业基础课系列、外语课系列、专题课系列等多个系列，涵盖了计算机、经济管理、创业、电子、工程、环境、医学、生命科学、数学、物理、化学、社科、法律、文学、历史、哲学、艺术、外语、教育等专业。

（2）学位课。2015 年春，国内首批混合式教育学位课项目以学堂在线平台为依托正式启动。其中，清华大学基于学堂在线平台的"数据科学与工程"专业硕士项目成为国内首个混合式教育学位项目，由清华大学五道口金融学院和复旦大学经济学院合办的"金融学"辅修专业依托学堂在线平台开设金融学课程，互认 MOOC 学分。如今，全国工程专业学位研究生教育指导委员与学堂在线成为在线教育合作伙伴，旨在搭建"全国工程硕士专业学位研究生在线课程公共平台"，课程将覆盖 40 个学科领域。

（3）学堂云平台。为促进学校及各类机构更好地开展基于 MOOC 的混合式教学实践，实现优质教学资源共享，学堂在线为学校和各类机构提供了定制的个性化专属学堂云平台。学堂云平台基于 Open EdX 代码和云技术，为学校及各类机构提供建课、用课、管课一站式服务。

（4）学堂在线广场。作为一个讨论社区，该广场为广大学习者提供了一个相互交流的平台，也是一个社交平台，可以促使学习者之间相互督促、相互鼓励。

5.3.2　学堂在线的教学分析

数据科学的发展推动教育研究者采用大数据进行决策和预判，通过将数据在深度和广度上的不断延伸帮助教育研究者了解、预测学习行为，掌握学习者的学习态度和现有状态，为学习者提供与之相适应的教育内容、支持服务和行为干预，提高 MOOC 教学绩效。

MOOC 课程的学习者在规模上超过了很多传统的课堂形式，能产生大量有实际意义的数据，如观看视频的长度、在观看视频之后参与学习讨论和其他活动的记录、课堂考核的准确率和参与程度、哪类教学活动容易吸引学习者等。这些数据对分析什么是好的资源、怎么建设资源、资源建成之后的修改方向等具有极大的意义。

早期，学堂在线的主要工作重点在课程的提供上，后来越来越重视教育大数据的重要性。2015 年，学堂在线的数据团队也为教师和学生的效率提升提供了保障，主要改进了三方面工作：教学数据分析、搜索系统、推荐系统。在教学数据分析方面，2015 年初，学堂在线自主研发了教育大数据分析平台，提供实时的教学数据分析混合云模式，教师可以直观地了解课程的各项"健康指数"，摸清学生的学习行为，指导课程运营，提升教学效率，改善教学效果。图 5.10 展示了数据实时分析的主要内容。

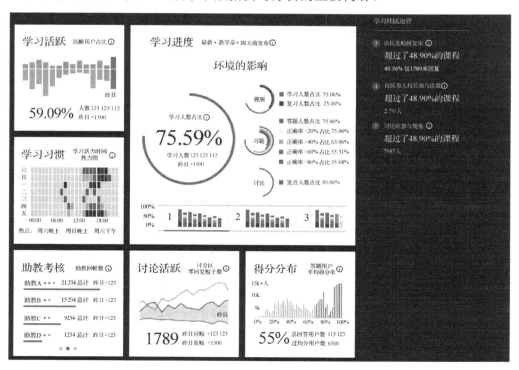

图 5.10　学堂在线数据实时分析的主要内容

自上线以来，教育大数据分析平台已分析了上亿级数据，同时还为 MOOC 教学和校内翻转课堂教学搭建了个性化的数据解读方案。该平台自动采集在教学过程中产生的数据，向授课教师提供课程学习活跃度、学生学习习惯、学生学习进度、讨论区活跃度、得分分布、助教考核、学习者规模、学习社会运营状况等多种维度的细粒度大数据分析，帮助教学团队与管理人员更好地进行教学决策，提高教学质量。这些大数据服务大致可以分为学生发展、教师教学、教学研究和教务管理四类，如表 5.4 所示。

表 5.4　学堂在线大数据分析平台的服务分类

类　　别	主　要　内　容	举　　例
学生发展	根据学生个人兴趣、知识水平和行为规律，推荐个性化的学习模块	针对即将在审计单位实习的计算机系学生，推荐会计和财务相关课程
教师教学	支撑多元的教学理念和教学目标；在设置教学目标和方法前，掌握学生情况；在课程运营阶段，监控教学进度；在教学评估时，分析教学难点	为老师提供在课程学习中学生遇到的主要难点
教学研究	为教学方法和激励机制的研究提供灵活的分组研究方式、丰富的数据和标准获取方式	结合调查问卷和学习行为数据，分析学习激励的因素
教务管理	单门课程或某个专业的教学情况；针对学生的兴趣和流行趋势，规划课程和专业	根据英语专业学生的兴趣和选课及实习情况，推出跨境贸易方向英语课程

目前，学堂在线主要为教师进行数据分析，方便教师了解在课程解读过程中的模糊点及在学生学习过程中的难点。今后，学堂在线将把数据分析重点转向学生，为学生推荐合适的学习方式，进而提升学生的学习效率和学习效果。

5.4　社交网络大数据关系推荐系统

新浪微博是由新浪网于 2009 年 8 月推出的，是一个基于用户关系的信息分享、传播及获取信息的平台。2011 年，新浪微博占据中国微博用户总量的 57%，以及中国微博活动总量的 87%。目前，新浪微博是我国访问量最大的网站之一，注册用户已突破 6 亿。

可以说，新浪微博（以下简称"微博"）记录着整个中国社会，小到购买了一杯咖啡、一次购物体验，大到灾难救援。新浪平台积累了海量数据，研究这些大数据，可以更精准地为每个用户服务。微博推荐正是其中一个方面的应用。

推荐系统诞生得很早，但是真正被大家所重视，缘于以 Facebook 为代表的社交网络的兴起和以淘宝为代表的电商的繁荣。推荐是为了解决用户与 Item 之间的关系，将用户感兴趣的 Item 推荐给用户。一个 Item 被推荐出来会经过候选、排序、策略、展示、反馈到评估，再改变候选，从而形成一个完整的链路，如图 5.11 所示。

图 5.11　推荐的链路

微博用户通过关注来订阅内容。在这种场景下，推荐系统可以很好地与订阅分发体系进行融合，相互促进。微博有两个核心基础点：一是用户关系构建；二是内容传播。微博推荐可以更好地促进微博的发展。

5.4.1　新浪微博推荐架构的演进

自微博成立以来，微博推荐架构在如图 5.11 所示的推荐链路的基础上，经历了独立式、分层式和平台式三个架构，如图 5.12 所示。

图 5.12　微博推荐演进的三个阶段

1．独立式的微博推荐 1.0

微博推荐 1.0 存在于 2011 年 7 月至 2013 年 2 月，由于当时微博推荐的团队成员缺乏推荐领域的整体性经验，以及微博发展迅速、时间紧迫等原因，导致该团队的每一个业务项目都是一套完整的架构流程，架构之间相对独立。

以业务实现为主要目标的微博推荐 1.0 没有建立起完整的反馈和评估体系，同时排序也被策略取代。图 5.11 所示的推荐链路只剩下候选、策略和展现。图 5.13 为微博推荐 1.0 架构。每一个项目在使用 Apache+mod_python 作为服务架构的同时，使用 redis 作为存储选型；在一些特定的项目中，引入了复杂运算，从而诞生了 C/C++的服务框架 woo；同时，在对数据存储有特殊要求的项目中又研发了一系列的数据库，如早期存储静态数据的 mapdb、存储 key-list 的 keylistdb 等。

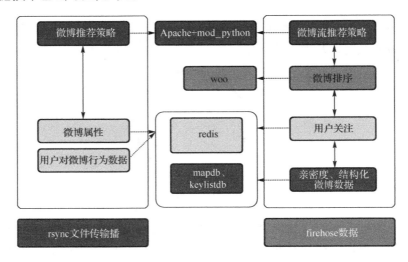

图 5.13 微博推荐 1.0 架构简图

独立式的微博推荐 1.0 的架构简单、易于实现，有助于业务功能的快速实现和多业务并行开展。但是其推荐流程不完整，缺乏反馈、评估等重要内容；对于数据方面也缺乏统一的处理方法，没有给算法提供相关的支撑……这导致微博推荐 1.0 几乎不能进行专业运维，推荐也做得不够深入。尽管如此，其采用的 C/C++服务框架 woo 和 mapdb 静态存储都是后面微博推荐进一步发展的基础。

2．分层式的微博推荐 2.0

微博推荐 2.0 存在的时间是 2013 年 3 月到 2014 年年底。在此期间，微博对提高关系促成率及内容传播效率提出了新的要求，微博推荐 2.0 实现了完整的推荐流程，并提炼出数据架构，实现了数据对比和数据通道，为算法提供介入的方式。微博推荐 2.0 的架构包括应用层、计算层、数据层和基础服务等模块，如图 5.14 所示。

应用层主要承担推荐策略及展现方面的工作，并充分发挥了脚本语言的特点以响应迭代需求。计算层主要承担推荐的排序计算，并为算法提供介入方法，支持算法的模型迭代。数据层主要承担推荐的数据流及存储工作，主要解决数据的 IN、OUT、STORE 问题。其中，IN 表示数据如何进入系统；OUT 表示数据如何访问；STORE 表示数据如何存储。基础服务主要包括监控、报警及评测系统。

微博推荐 2.0 对微博推荐 1.0 做出了很大改进，推荐效果得以不断提升，但是它与推荐核心有一定的距离，也未涉及算法的训练，还不足以构成完整的推荐体系。

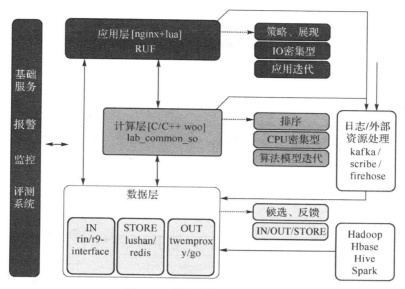

图 5.14　微博推荐 2.0 的架构

3．平台式的微博推荐 3.0

自 2014 年年底以来，微博从业务扩展转变为效率为先，致力提升用户体验和内容质量，微博推荐 3.0 应运而生。微博推荐 3.0 致力抽象出推荐流程中候选、排序、训练、反馈的通用方法，并以算法的角度去构建推荐系统。

微博推荐 3.0 的架构如图 5.15 所示，保留了微博推荐 2.0 中使用的分层体系和工具框架，但有所改动，在计算层增加了候选的标准生成方法，如 Artemis 内容候选模块和 item-cands 用户候选模块；在策略平台增加了 EROS，用于解决算法模型的问题，EROS 的主要功能是训练模型、特征选取和上线对比测试；数据层中的 rin/r9-interface 增加了对于候选的生成方法。

微博推荐 3.0 对推荐的理解更为深入，结构更为紧密，解决了推荐候选、排序和训练算法中最重要的问题。目前，微博推荐的核心业务会逐步迁移到该体系下，用算法数据作为驱动来提升推荐效果。

5.5.2　新浪微博推荐算法简述

微博推荐算法用到的方法和技术如图 5.16 所示，包括基础算法、推荐算法和混合技术三个部分。

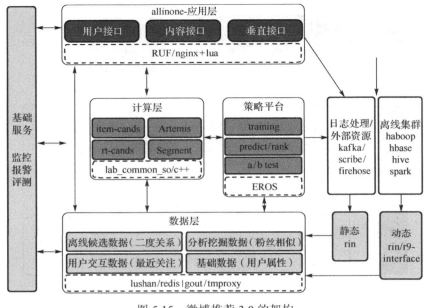

图 5.15　微博推荐 3.0 的架构

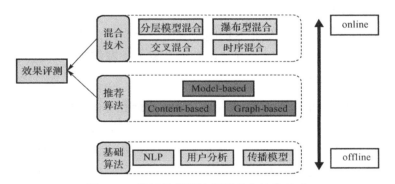

图 5.16　微博推荐算法用到的方法和技术

　　基础算法主要是为微博推荐挖掘必要的基础资源、解决推荐时的通用技术问题、完成必要的数据分析。离线数据挖掘虽然擅长处理大量的数据，但运算周期长、实时推荐能力差，而在线系统由于要迅速计算出推荐结果，无法承担过于消耗资源的算法，因此这构成了一个矛盾。为了解决这一矛盾，可以对不同算法取长补短，微博推荐算法中引入了混合技术思想，包括时序混合、分层模型混合、瀑布型混合及交叉混合等技术。

　　微博推荐采用的主要算法包括 Graph-based 推荐算法、Content-based 推荐算法和 Model-based 推荐算法。从宏观角度看，微博是为了建立一个具有更高价值的用户关系网络，促进优质信息的快速传播，提升反馈流质量。而微博推荐的重要工作是关键节点挖掘、面向关键节点的内容推荐、用户推荐，因此微博推荐采用了 Graph-based 推荐算法，而不是业界通用的 Memory-based 算法。其采用的 Graph-based 推荐算法如表 5.5 所示。

表 5.5　微博推荐采用的 Graph-based 推荐算法

算　法	说　　明	应 用 举 例
User-based CF	依据相似用户的群体喜好产生推荐结果	用户推荐、赞过的微博、正文页相关推荐
KeyUser-based CF	依据相似专家用户的协同过滤推荐，利用少数人的智慧；推荐的信任来自好友和社会认同	用户推荐（兴趣维度）、热点话题
Item-based CF	依据用户的历史 Item 消费行为推荐	实时推荐、用户推荐
Edgerank	群体动态行为的快速计算	智能排序、错过的微博
Min-Hash/LSH	用于海量用户关系的简化计算	用户关注相似度、粉丝相似度计算
归一化算法	Weight 的归一运算，如类 IDF 计算、分布熵，量化节点和边的价值	面向关键节点的内容推荐、用户推荐

基于以上算法，产生了如表 5.6 所示的数据附产品。

表 5.6　Graph-based 推荐算法产生的数据附产品

数　据	说　　明
用户亲密度	衡量 user A 对其 follow user B 的喜爱程度，是个单向分数，依据 A 与 B 的互动行为，以及 A 对 B 的主动行为计算，随着时间会逐步衰减
用户影响力	用户在微博信息传播过程中的社会化影响力，可分为广度影响力、深度影响力、领域影响力
关注相似度	为用户计算与其关注口味相似的用户列表，是 User-based CF 的基础资源
粉丝相似度	为用户计算与其具有粉丝相似的用户列表，应用于用户推荐的实时反馈
关键节点	影响信息传播的关键用户，以及具有连续优质内容生产能力的用户，可通过节点信息的传播效率来计算
兴趣协同用户	采用 LDA 模型对用户关系网络进行聚类分析，挖掘得到相同兴趣能力的用户

Content-based 算法是微博推荐中最常用、也是最基础的推荐算法。其主要技术环节为候选集的内容结构化分析和相关性运算，而正文页相关推荐是其应用最广的地方。该算法的主要流程如图 5.17 所示。

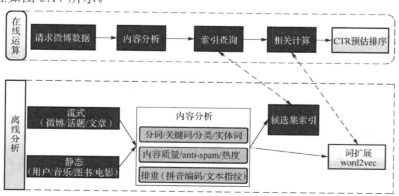

图 5.17　Content-based 算法的主要流程

Model-based 推荐算法主要是为了解决微博中来源融合与排序、内容动态分类和语义相关的问题，并引入了机器学习的模型，包括 CTR/RPM（每千次推荐关系达成率）预估模型和潜在因子模型等。

新浪微博从创立之初的蹒跚学步到青春懵懂，再到如今正值壮年。这一路走来，经历了起起伏伏、披荆斩棘，最终登上微博界的巅峰，服务用户数以亿计。而推荐技术则是拉近社交媒体中用户与内容、用户与用户的重要桥梁，是提升微博用户价值的关键技术手段。

5.5　金融服务大数据风险预警系统

在现阶段，我国金融机构的风险防控工作仍然主要集中在对风险的事后管理上，风险事前的预警工作较少。现有风险预警系统选取的数据源来自金融机构、中国银行保险监督管理委员会、中国证券监督管理委员会、中国人民银行征信中心等披露的信息，数据量有限，提供的风险预警信号也很有限，无法实现风险事前及时、准确的预警。尤其是互联网金融迅速发展起来以后，非法融资等各类金融犯罪案件大量涌现，现有的风险预警系统缺少相关数据源信息，金融机构也缺乏对这类信息高度的敏感性。

北京拓尔思信息技术股份有限公司（TRS）提出了互联网金融风险预警系统，将互联网数据引入传统风险防控系统，将从互联网信息中分析出的风险预警信号与从金融机构、金融监管机构提供的数据中获取的信号融合起来进行风险预警，实现内外兼修的风险防控，进而发现非法融资、影子银行、非法集资、地下钱庄等苗头信息，并对其发展态势进行实时监测，采取关注、监控、特别关注、介入、处理等相应的预警和处理手段，有效提升金融机构对金融犯罪的敏感度。

在以互联网为载体的大数据前提下，TRS 提出的互联网金融风险预警系统采集来自互联网上的新闻、论坛、博客、微博等不同形式的信息，将非结构化的信息转化为可以预警的结构化信息，对客户自身和外部环境的情报信息进行收集、存储、处理、分析，最终转化为结构化预警信号，为全面掌握客户动态并做出正确、及时的反应提供分析依据。

5.5.1　互联网金融风险预警系统的架构

TRS 提出的互联网金融风险预警系统包括 IT 基础设施层、数据采集子系统、数据存储子系统、智能分析子系统及风险预警应用子系统等模块。其架构如图 5.18 所示。

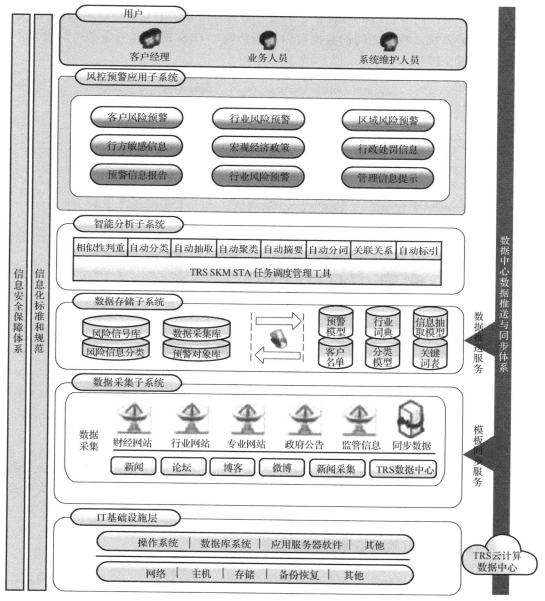

图 5.18　TRS 提出的互联网金融风险预警系统的架构

此外，TRS 提出的互联网金融预警系统可与银行业等金融机构的其他业务系统进行数据传输，将采集到的互联网数据推送至银行业等金融机构的其他业务数据库提供数据支持。引入了互联网数据的数据源为基础的金融风险预警系统，将为金融机构的决策提供有利依据。同时，银行业等金融机构的业务系统可将具有指导性的数据推送至 TRS 的互联网金融风险预警系统，系统之间的数据可以通畅传输。TRS 的互联网金融风险预警系统的对接架构如图 5.19 所示。

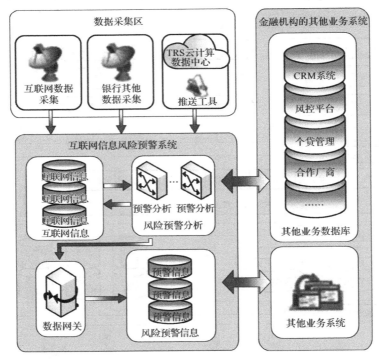

图 5.19　TRS 的互联网金融风险预警系统的对接架构

因此，TRS 的互联网金融风险预警系统面向银行业、证券期货公司、保险业等金融服务机构，以及金融监管机构，对其内部网络和外部网络进行信息采集、整理和文本检索分析，最终实现风险的提前预警。

5.5.2　互联网金融风险预警系统的功能

该系统的主要功能模块包括风险预警模块、敏感信息预警模块、个性化管理模块、与第三方系统接口模块及微博监控模块等，系统功能架构如图 5.20 所示。

风险预警模块以特定的预警对象为主体，有效解析预警对象的属性及其风险信号，以纷繁、复杂、结构多样的互联网数据作为主要的风险来源，分析、识别、挖掘出有应用价值的内容，并根据风险预警模型的定义对风险信息进行预警推送、上报或提示，发起相应的预警流程。

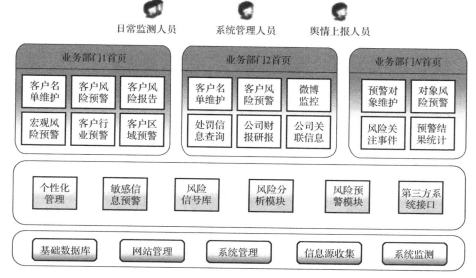

图 5.20　TRS 的互联网金融风险预警系统的功能架构

敏感信息预警模块从数据源的分析、跟踪、采集到敏感数据的识别、巡查、导控，形成了比较独立的预警控制流程，辅助用户对敏感信息的掌控。

该系统可以根据关注的预警对象单独选择、定制权限内的某些预警主题和功能模块，使用流程尽量符合业务习惯，突出重点，有效辅助业务人员处理风险事件。

微博监控模块可以对微博当前的热点进行监控，分析热点事件的发展趋势、用户参与情况、转发最多的相关文章等，并对事件传播趋势和引爆点进行分析。

5.5.3　互联网金融风险预警系统的预警机制

TRS 的互联网金融风险预警系统的风险预警体系由预警对象、预警主体、预警信号、预警结果及预警动作等要素构成，在不同的预警类型下又可分为不同的主题，各主题再细化为各种类型的预警信号，主要通过定性分析来确定预警结果，根据预警结果采用相应的预警动作。其以客户为主体的预警体系架构如图 5.21 所示。

目前在国内金融行业，尤其是以 P2P 网络借款平台为代表的互联网金融行业存在的风险较高，在缺乏足够风险评估与预测问题的背景下，运用诸如 TRS 的互联网金融风险预警系统的互联网和大数据风险评估与预测平台，可以提高我国金融体系的风险预测能力，把危机化解在初始阶段，对我国金融体系的健康发展具有重大的现实意义。

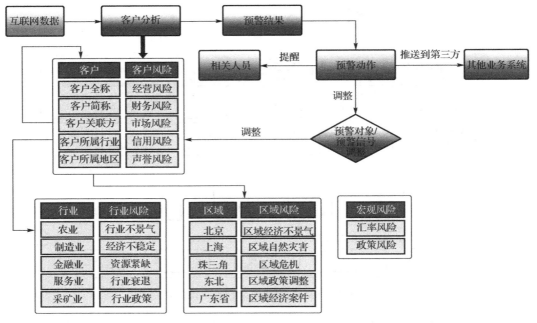

图 5.21　TRS 的互联网金融风险预警系统以客户为主体的预警体系架构

5.6　本章小结

　　本章介绍的基于场景分析的大数据信息处理属于计算机科学中的前沿交叉方向，通过对遥感大数据的自动分析与数据挖掘系统、MOOC 大数据教学分析系统等多个场景大数据应用的介绍，给出了现有处理海量和复杂信息的技术，并研究了新的、先进的理论和技术，供读者参考。

参 考 文 献

[1]　李敬有. 基于数据挖掘技术的智能信息处理[D]. 哈尔滨工程大学硕士毕业论文，2007.

[2]　李德仁，张良培，夏桂松. 遥感大数据自动分析与数据挖掘[J]. 测绘学报，2014，43（12）：1211-1216.

[3]　遥感集市 [EB/OL]. http://www.rscloudmart.com，2016-05-01.

[4]　普强信息技术有限公司[EB/OL]. http://www.pachira.cn，2016-05-01.

[5]　清华加盟在线教育 edX，将建我国在线教育平台[EB/OL]. http://news.tsinghua.edu.cn/publish/news/ 4204/2013/20130521153516551137709/20130521153516551137709_.html，2016-05-01.

[6]　李曼丽，黄振中. MOOCs 平台大数据的教育实证[J]. 科学通报（中文版），2015，60（5/6）： 570-580.

[7]　学堂在线[EB/OL]. http://www.xuetangx.com，2016-05-01.

[8]　吴南中. 教育大数据应用于 MOOC 的资源开发范式研究[J]. 中国远程教育，2015（8）：23-29.

[9]　平台数据＋业务合作，学堂在线的 MOOC 之路 [EB/OL]. http://www.duozhi.com/company/ 201602184381.shtml，2016-05-01.

[10]　调查称第一季新浪微博占 57%国内微博用户量[EB/OL]. http://news.sina.com.cn/m/2011-06-29/ 121922726985.shtml，2016-05-01.

[11]　未来资产报告称新浪微博使用率市场份额达 87%[EB/OL]. http://tech.sina.com.cn/i/2011-01- 28/18045144960.shtml，2016-05-01.

[12]　新浪微博注册用户数破 5 亿，75%用户活跃于移动端。 http://it.sohu.com/20130221/ n366598808.shtml，2016-05-01.

[13]　微博推荐算法描述. http://www.wbrecom.com/?p=80，2016-05-01.

[14]　微博推荐架构的演进. http://www.wbrecom.com/?p=540，2016-05-01.

第 6 章

互联网+大数据技术基础与应用

6.0 引　　言

可以说，大数据是因互联网的迅猛发展与日益普及使大量数据的获取、聚集、存储、传输、处理、分析等变得越来越便捷而发展起来的一门新学科，是分析与解决问题，尤其是决策与预测问题的一种新方法、新手段。互联网与大数据的发展相辅相成：一方面，互联网的发展为大数据的发展提供了更多数据、信息与资源；另一方面，大数据的发展为互联网的发展提供了更多支撑、服务与应用。近年来，移动通信与移动互联网、传感器与物联网等互联网新技术、新应用、新发展模式的推陈出新，使互联网变得越来越"无所不在"，由此而产生的数据越来越多、越来越大。继数字时代、信息时代、互联网时代后，人类又进入了大数据时代。

据 2018 年 1 月中国互联网络信息中心（CNNIC）最新发布的《第 41 次中国互联网络发展状况统计报告》称，截至 2017 年 12 月，中国网民规模达到了 7.72 亿（全球网民数量约为 32 亿），2017 年全年新增网民 4074 万，互联网普及率为 55.8%，手机网民规模达到了 7.53 亿（全球手机用户数量为 28 亿左右），2017 年全年新增手机网民 5734 万。此外，2017 年，中国网民人均每周上网时达到了 27 小时，相比 2016 年增长 0.6 小时。2017 年的相关数据，如中国网民规模和互联网普及率、中国手机网民规模和占整体网民比例、互联网络接入设备的使用情况、网民网络的接入情况、中国网页数及增长率、网上支付和手机网上支付用户的规模及使用率分别如图 6.1～图 6.6 所示，相比于 2016 年持续明显地增长。

单位：万人

来源：CNNIC中国互联网络发展状况统计调查　　　　　　　　2017.12

图 6.1　中国网民规模和互联网普及率

单位：万人

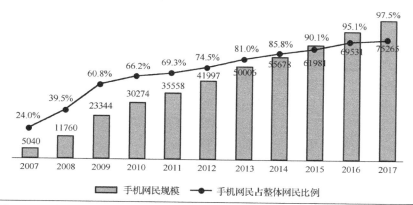

来源：CNNIC中国互联网络发展状况统计调查　　　　　　　　2017.12

图 6.2　中国手机网民规模和占整体网民比例

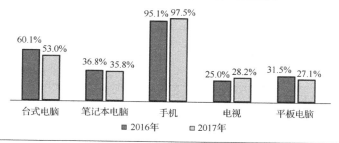

来源：CNNIC中国互联网络发展状况统计调查　　　　　　　　2017.12

图 6.3　互联网络接入设备使用情况

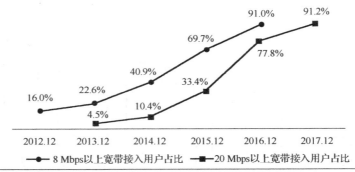

来源：工业和信息化部   2017.11

图 6.4　网民网络的接入情况

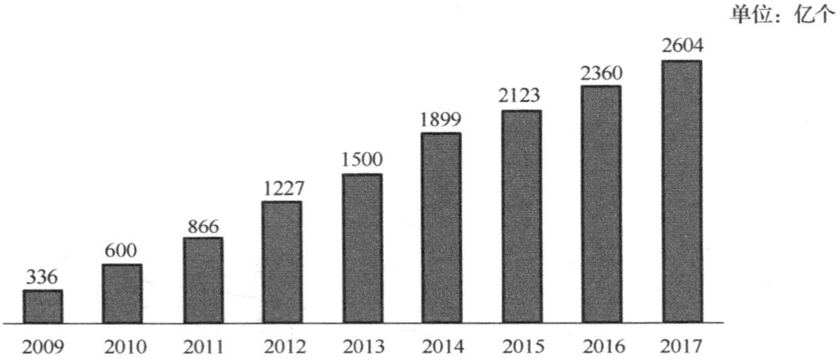

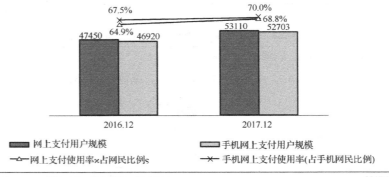

来源：百度在线网络技术(北京)有限公司   2017.12

图 6.5　中国网页数及增长率

来源：CNNIC中国互联网络发展状况统计调查   2017.12

图 6.6　网上支付和手机网上支付用户的规模及使用率

就大数据而言，仅中国，因为拥有这么多数据"接收者"与"阅读者"而潜在地拥有了这么多数据的"产生者"与"发送者"，并在不断地"生产"与"产出"各种各样的数据。这些数据可以是文本、音频、视频、位置、图片等结构化、半结构化或非结构化的数据。信息消费、信息交互、信息活动等已成为人们日常工作与生活的重要内容，人们越来越感觉"一日不可无网"。

近年来，随着互联网技术与应用向"物"的世界的急剧延伸和扩展，物联网应运而生。未来，全球可连网的"物"的数量将比上网的"人"的数量要多得多，必将产生更大的数据。这将极大地推动经济社会、生产生活、思维观念、政府政务、社会管理、社会安全等的变化与发展。

例如，已成立自己大数据研究中心的阿里巴巴公司及其淘宝网，淘宝网上的 1000 万卖家（500 万比较活跃）、每天几亿件包裹等，将产生各种各样的数据，积聚为大数据；阿里巴巴通过对消费者购物、消费、团购、支付等行为和喜好方面大数据进行深入挖掘和深度分析，可以为电子商务平台建设者、经营者、管理者等提供大量有价值的信息，为精准广告、精准库存、精准服务、精准管理、分析购物模式、确定市场定位、制订营销策略、预测销售行情等提供有力支持。通过此类大数据的分析工作，淘宝、京东、Amazon 等现都提供了商品推荐和个性化广告推送等功能。

新兴产业和新兴业态是竞争高地，未来我国要实施高端装备、信息网络、集成电路、新能源、新材料、生物医药、航空发动机、燃气轮机等系列重大项目，把一批新兴产业培育成主导产业。制定"互联网+"行动计划，就是要推动移动互联网、云计算、大数据、物联网等与现代制造业结合，促进电子商务、工业互联网和互联网金融健康发展，引导互联网企业拓展国际市场。我国已设立 400 亿元新兴产业创业投资引导基金，要整合筹措更多资金，为产业创新加油助力。

当今，人类正在经历一场社会变革，这场变革是在大数据、互联网、移动互联网、人工智能等技术推动下促成的，触发了一场思想启蒙运动，促使我们转变工作和生活方式，以适应社会的进步和发展。正如舍恩伯格在《大数据时代：生活、工作与思维的大变革》中写道："大数据开启了一次重大的时代转型，大数据正在改变我们的生活及理解世界的方式，成为新发明和新服务的源泉，而更多的改变正蓄势待发"。无论是政府部门管理理念、工作方式的转变，还是市场营销手段和方式的转变，以及个人日常生活和工作方式的转变，大数据都将产生巨大的影响和变化。

大数据是"未来的新石油"，是一种新的战略资源，对其开发利用能够创造更大的公共价值。政府部门利用大数据可解决各种社会问题，推动经济繁荣和改善福利，提供更优质、更精准的公共服务；利用大数据能够对经济运行进行更为准确的监测、分析、预测、预警，提高决策的针对性、时效性和科学性；能够对企业监管、质量安全、节能降耗、环境保护、食品安全、安全生产、旅游服务等领域进行更精准的监管，提升政府决策和风险防范能力；能够预测重大流行疾病的发生，提前防范预警；能够监控社会状况，预测重大社会公共事件的发生。

企业利用大数据可以改变企业价值创造的模式；利用大数据，能够更好地分析和预测客户行为，改善客户体验，实现精准营销；能够降低产品开发、产品装配、物流配送、维护服务成本；能够洞察市场需求走向，及时调整和改变业务的重点和方向，确保企业不断发展和壮大。根据麦肯锡对西方国家的调查结果，大数据每年为美国医疗保健行业大约节约 3000 亿美元的成本，使美国零售业的利润增长 60%，使制造业降低了高达 50%的产品开发和装配成本。

大数据是创新政府服务理念和服务方式，促进信息技术和数据资源充分利用的全新业态。从深层来看，大数据真正发挥的作用是改变政府的管理模式和思维方式，驱动政府管理创新。正如哈佛商业评论所说，大数据本质上是一场管理革命，大数据时代的决策不能凭经验，而要用数据说话。"用数据说话、用数据管理、用数据决策、用数据创新"是当今社会的发展趋势和政府管理的必然要求。大数据使政府公共管理从粗放型向精细化、精准化转变，从被动响应向主动预见转变，从经验判断向大数据科学决策转变。

政府部门利用大数据能够提供更优质、更精准的公共服务；充分运用政府数据和社会数据可更加全面、及时地掌握企业需求，了解市场动态，洞悉发展趋势，推动政府部门简政放权、简化办事程序、优化行政管理流程，搭建一体化、一站式的企业服务平台，为企业提供更快捷、更有效、更有针对性的服务；利用大数据，可洞察民生需求，在健康医疗、社会救助、养老服务、劳动就业、社会保障、文化教育等领域不断优化资源配置，丰富服务内容、拓展服务渠道、扩大服务范围，为社会公众提供便捷、高效、个性化、多样化的服务，提高政府公共服务质量。

6.1 "互联网+"的定义

所谓"互联网+"，指的是以互联网平台为基础，利用信息、通信、网络、移动互联网、云计算、智能传感、物联网、大数据等新技术与各行业的跨界融合，推动传统产业的转型升级，并不断创造出新产品、新业务、新模式，构建连接一切的新生态。在过去的 20 多年，互联网由娱乐互联网逐步走向消费互联网。未来，消费互联网将走向更深层次的产业互联网。互联网将更加广泛地深入人类的生活、生产活动。"互联网+"绝不是传统行业和互联网的简单叠加。它不仅是生产和技术的"+"，更是思维和模式的"+"，它是一个嬗变的过程，是互联网时代一种新的观念和理念。

"互联网+"将互联网的创新成果与经济社会的各行业、各领域深度融合，推动技术进步、效率提升和组织变革，提升实体经济创新力和生产力，形成更广泛的、以互联网为基础设施和创新要素的经济社会发展新形态，在互联网/移动互联网时代，引领创新驱动发展的"新常态"。制订"互联网+"行动计划就是要充分发挥"互联网+"对"稳增长、促改革、调结构、惠民生、防风险"的重要作用。

"互联网+"的本质是传统产业的信息化、网络化、数据化，是以信息流为纽带，将技术流、物资流、资金流、人才流等有机地串起来，融为一体，形成合力，是一种新的业态、新的融合、新的变革。在很大程度上，"互联网+"是在我国互联网、移动互联网已得到迅猛发展和普遍应用的历史现实和条件下，原"两化融合"中"信息化促进工业化"提法的进一步提升，是向更多、更广行业和领域的扩展，如农业、国防、科教、能源、商业、金融、交通、邮政、物流、服务、医疗、生态、文化等行业，更加强调突出了互联网的地位和重要性。

"互联网+"代表一种新的经济形态，是充分发挥互联网在生产要素配置中的优化和集成作用，将互联网的创新成果深度融合于经济社会各领域之中，形成更广泛的以互联网为基础设施和实现工具的经济发展新形态。"互联网+"行动计划将重点促进以云计算、物联网、大数据为代表的新一代信息技术与现代制造业、生产性服务业等的融合创新，发展壮大新兴业态，打造新的产业增长点。

可以说，"互联网+"是由于现代信息技术、互联网、云计算、大数据等的迅猛发展和普及应用而形成的产物和趋势。技术的发展主要体现在四个无所不在。四个无所不在，或者泛在，或者用国际电联的习惯说法普遍接入（Universal Access），指的是：计算无所不在、软件无所不在、网络无所不在、数据无所不在。随着互联网的无所不在，使得未来的移动通信、移动计算变得无法想象得巨大，不久后的将来，互联网、移动互联网和 Wi-Fi 可能会像空气一样，到处都是、免费取用。Google 公司、投资特斯拉的 SpaceX 等公司的目标更加宏大，要建覆盖全球的免费 Wi-Fi 网络，有用卫星作为通信设备搭载平台的，也有用飞艇或无人机作为平台的，未来的想象空间和发展空间变得无穷大。

四个无所不在，尤其是网络无所不在、数据无所不在，带来的"互联网+"给人类社会的很重要的一点改变是思维模式的改变，即互联网思维。互联网思维主要体现在以下几点。

（1）要充分考虑互联网对人和物聚合、连接关系的改变。例如，快的打车、滴滴打车、互联网专车等对乘客、司机和出租车公司之间关系的改变。这种改变给各方都带来无穷的想象空间和选择空间，尤其是移动互联网的发展，使手机越来越成为必不可少的物品。"互联网+"可以与各种行业或商业模式结合，比如"互联网+集市"产生了淘宝、"互联网+百货卖场"产生了京东、"互联网+汽车"产生了特斯拉、"互联网+教育"产生了 MOOC，规模也已初见。不久的将来，随着互联网和物联网的发展，万物将实现互联（Internet of Everything）。通过改变聚合和连接关系，互联网将帮助传统行业升级换代，带来的新收入会远远大于过去的收入，这是一个全球性的趋势。"互联网+"指明，互联网不再是一个独立行业，与其他行业结合后，会带来"化学反应"，产生"链式反应"式的连锁反应。随着"互联网+"概念的提出与发展，相继出现了工业 4.0、工业互联网、创新 2.0、中国制造 2025 等概念。

（2）用户至上。例如，360 的免费互联网杀毒，滴滴打车、快的打车刚开始的送钱坐出租，都是为了吸引用户、黏住用户，用户一多、用户规模一大，有几千万、几亿的用户和关注，就可能形成盈利的商业模式。

（3）免费模式。用户越多，互联网产品单个的成本就越低，若有几千万、上亿的用户，许多产品的成本都将被稀释，完全可以从其衍生的产品或服务中获利。传统思维是我做什么、我卖什么、我赚什么的钱，而像微信，采取免费模式，但黏住了巨大的用户群，再来卖互联网广告等，由此带来的利润远超免费产生的成本。

（4）颠覆性创新。在技术、服务、商业模式等方面，互联网与传统产业的结合带来了一系列美妙的创新，也掀起了大众创业、万众创新的新浪潮、新态势，成为新常态下推动经济转型和发展的新引擎。"互联网+"可能将率先在"互联网+制造"形成的智能制造行业显现效果。2015 年 4 月 2 日，阿里巴巴成立智能生活事业部；4 月 3 日，阿里巴巴与美的集团签下 110 亿元的大单；2015 年，美的在天猫上完成 110 亿元的成交额，并与阿里巴巴在智能云平台、O2O 渠道、菜鸟网络、大数据应用等方面展开合作，形成强强联盟，共同打造"互联网+制造"深度合作的范本。

电商平台与传统制造业的结合也是亮点之一。电商平台有用户的大数据，知道用户近期的消费热点在哪里，用户更喜欢什么样的产品，用户购买某类产品的集中价格区间在哪里，用户对什么功能更为敏感，厂商在什么地方更容易满足消费者体验，等等。这些数据可以反馈给生产厂商，指导生产厂商做出更优秀、更符合消费者需求的产品。而生产厂商不仅可以对市场需求做出更快的反应，做出更优秀的产品，还可以通过电商平台迅速将产品销售出去，实现盈利。"互联网的前店+制造商的后厂"有望迈出"互联网+"的第一步，有望迈出依托互联网实现用户定制或卖家定制的第一步。

"互联网+"是互联网技术和服务在我国广大地区、各行各业实现普遍接入（或称为无所不在）后进入的一个历史必然的新阶段。我们认为，前述的 4 个无所不在加上服务无所不在、资源无所不在，这 6 个无所不在的普遍接入造就了今天的"互联网+"，或者说为"互联网+"行动计划提供了可能。没有过去几十年，尤其近二十几年来党和政府发挥我们的制度优势，着力实施和积极推进类似面向农村地区的"村村通广播""村村通电视""村村通电话""村村通手机""村村通网络""三网合一""村村通宽带"等这样的大工程、大计划，就没有今天互联网技术、设备、应用、服务和平台的普遍接入和无所不在，也就没有今天的"互联网+"。但是要真正实现跨界，互联网和非互联网要各尽所责、各尽所能，互联网企业要解决的难题是如何进入实体经济，而非互联网企业要思考的如何互联网化。互联网并不能代替产品创新、技术研发、生产制造、供应链管理、质量把控和售后服务等，互联网起到了新兴市场的导向作用。互联网在为传统市场提供强大网络支撑的同时，在虚拟的网络空间中开辟了广阔的新市场，为中国产业由劳动密集型向知识密集型转化提供了平台和可能，尤其是随着互联网移动化、位置化、个性化、社交化、互动化的发展，催生了一系列崭新的业务形态、商业模式、服务模式和就业机会，为新时期、新常态下国民经济社会的建设和发展起到了很好的导向作用，是推动我国经济取得新发展的重要引擎。

6.2 "互联网+"行动

在新形势下，为了坚持稳中求进工作的总基调，统筹稳增长、调结构、促改革，稳中有为、稳中提质、稳中有进，2015 年 3 月的政府工作报告首次提到了"互联网+"。

推进"互联网+"行动计划旨在助力新常态下持续稳定发展：一是助力实现保持经济稳定增长的首要目标；二是通过"互联网+"积极发现培育新增长点；三是通过"互联网+"加快转变传统产业发展方式；四是通过"互联网+"拓展和优化经济发展空间格局（包括"一带一路"、京津冀一体化、长江经济带等三大战略）；五是通过"互联网+"推进信息惠民，加强保障和改善民生工作。

新信息基础设施（"云＋网＋端"）、新生产要素（大数据）、新分工网络（大规模、社会化的全新分工形态）为"互联网＋"能量的释放提供了源源不断的动力，体现了信息技术革命和制度创新推动生产率跃升的强劲力道。"互联网＋"行动将以夯实新信息基础设施、提升原有基础设施、创新互联网经济、渗透传统产业为指向，为中国经济实现转型与增长开辟新路。

"互联网+"行动计划的主要设想如下。

（1）加快"互联网+传统制造业"深度融合，推动智能制造发展：开发智能网络化新产品，加快发展智能网络化装备，推进制造企业物联网，推动制造业向服务型制造业转型，加快重点行业的绿色制造变革。

（2）发展"互联网+农业"，促进农业现代化：积极推进国家农村信息化示范区建设，以农村信息化综合服务平台为核心，以三网融合通道建设和资源整合为重点，打造智慧农业云平台，构建现代农业信息、村务民生服务和农产品电子商务三大类专业信息服务系统。

（3）发展"互联网+服务业"，加速推进服务业现代化：深化信息技术在服务业领域的广泛应用，促进信息技术应用向生产性服务业和生活性服务业渗透，实现传统服务业向现代服务业转变，推进现代服务业结构向高级化发展。

（4）持续推进电子信息产业自主创新发展，为"互联网+"提供基础支撑：继续推进国家"核高基"工程和战略性新兴产业规划统一部署，围绕高端芯片、集成电路装备和工艺技术、集成电路关键材料、关键应用系统等，整合设计、制造、信息资源，推进集成电路行业实现"芯片-软件-整机-系统-信息服务"产业链一体化发展，推进重要信息系统芯片的自主可控发展，重点突破专用芯片设计，提升高端芯片，以及面向物联网、网络通信、工业控制、医疗电子、环境监测等领域专用集成电路的设计开发和应用水平。

（5）利用"互联网+"，提升发展新型电子商务：深入实施"电商换市"，大力发展农村电子商务，加快发展跨境电子商务；推进跨境电子商务综合试点，努力开拓电商新领域；鼓励发展生活消费类电子商务，壮大发展居民生活消费品电子商务，创新发展线上线下融合模式，积极发展要素配置类电子商务，推进发展装备租赁类电子商务。

（6）稳健发展"互联网+金融"：加快信息技术在金融领域的应用，支持互联网企业与银行、证券、保险等金融机构合作，鼓励基于互联网的金融产品、技术、平台和服务创新，积极发展互联网新金融，加强互联网金融的监管与服务，防范互联网金融风险。

（7）推进"互联网+物流业现代化"：落实国家"一带一路"战略部署，加快完善海上公共基础配套体系，大力发展海进江、江进海智慧物流，推进大宗商品物流主要枢纽和全球集装箱物流重要枢纽建设。

（8）大力发展"互联网+全民健康保障"：推动国家层面卫生信息平台之间的互连互通和信息共享，形成我国社会保障信息公共服务体系；推动人口健康信息平台之间的互连互通和信息共享，深化基于居民电子健康档案数据库、电子病历数据库、全员人口个案数据库的人口健康信息化工程，推进健康信息在公共卫生机构、医疗机构、家庭医生和市民之间共享利用；建设覆盖公共卫生、医疗服务、医疗保障、药品管理、计划生育、综合管理领域的业务应用系统，应用大数据、云计算、物联网等技术，建立开放、统一、优质、高效的"健康云"。

（9）创新发展"互联网＋旅游"：推进智慧旅游服务；普及使用电子门票、在线支付、电子消费卡；培育基于在线虚拟体验平台的 3D 旅游服务业，加强对旅游风景区、文化旅游区、乡村旅游景区进行全方位的展示和信息服务，为客户提供集虚拟旅游体验、在线购物、文化创意为一体的综合性配套服务；开展旅游产业大数据应用，加强对旅游客源地和游客消费偏好数据的收集、积累和分析，指导境内外旅游服务产品的创新优化；建设我国旅游数据库，推进"我国旅游企业上地图"工程，打造基于微信的旅游公共信息咨询服务体系；加强智慧旅游预测和监管；提升旅游公共突发事件预防预警、快速响应和及时处理能力。

（10）深入推进"互联网＋教育培训产业"：推动智慧教育试点建设，发挥信息技术对教育现代化支撑作用，建立教师备课、学生学习、教育管理决策等支撑系统，改善、提升学校现有的信息化软硬件环境和应用水平，创新教学手段和模式，加快智慧校园建设；开发整合各类教育资源，建设大规模智慧学习平台，打造城乡一体化教育资源公共服务共享体系，建设网络服务平台，面向不同人群提供开放式在线课程（MOOC），丰富互联网教育产品。

（11）培育有活力的"互联网＋现代服务业"：大力发展"互联网＋文化产业"，加快发展"互联网＋信息安全产业"。

"互联网＋"行动计划应通过模式创新、新应用拓展、新技术突破、新服务创造和新资源开发，着力发展"互联网＋"新业态，推进我国产业智能化升级，打造万亿级信息经济核心产业，建设感知互联的智慧城市，全面提升信息经济基础设施水平。推进"互联网＋"行动计划，必须：一是要更加注重满足人民群众需要和地域行业特点；二是更加注重市场和消费心理分析；三是更加注重科技进步和全面创新，加强产权和知识产权保护；四是更加注重发挥企业，特别是中小、小微企业的能力；五是更加注重加强教育培训和提升全民素质；六是更加注重建设网络文明和信息安全。

6.3　"互联网＋"与中国制造

国务院于 2015 年审议通过"中国制造 2025"，提出将实施五大工程：制造业创新中心（工业技术研究基地）建设工程、智能制造工程、工业强基工程、绿色制造工程及高端装备创新工程。

"中国制造 2025"是由百名院士专家着手制定的，是中国制造业未来 10 年设计的顶层规划和路线图，通过努力实现中国制造向中国创造、中国速度向中国质量、中国产品向中国品牌三大转变，推动中国到 2025 年基本实现工业化，迈入制造强国行列。加快推进实施"中国制造 2025"，对我国制造业升级，保持经济持续稳定发展有重大意义。国务院明确提出顺应"互联网+"的发展趋势，并指明 10 大重点发展领域，意味着"中国制造 2025"有望引入"互联网+"作为重要发展思路，同时已经明确了具体的实施路线图。随着全球工业向 4.0 时代的大步迈进，面对以信息网络技术创新引领的智能化制造新趋势，大力推进两化深度融合成为打造中国制造业升级版的必然选择。

如何从中国制造转向中国智造？其主要方法如下。

（1）加快推进智能制造生产模式：研究、论证、实施国家级智能制造重大工程，先期组织实施 3 年行动计划，实施智能制造试点示范专项行动；选择钢铁、石化、纺织、轻工、电子信息等领域开展智能工厂应用示范；加快可穿戴设备、服务机器人等智能产品发展。

（2）大力发展工业互联网：研究出台互联网与工业融合创新指导意见，绘制工业互联网发展路线图；继续实施物联网发展专项行动计划；研究制订鼓励车联网发展的政策措施；制订工业互联网整体网络架构方案。

（3）加快培育发展新业态和新模式：研究制订服务型制造发展的指导意见；鼓励有条件的大型企业设立设计中心；组织开展工业电子商务行业和区域试点；制订工业云、工业大数据创新发展指导意见。

（4）建设和推广企业两化融合管理体系：推动出台支持两化融合的财税、金融以及产用结合等方面的特殊政策和标准。

（5）在创新驱动发展方面，围绕工业机器人、新能源汽车、新材料等战略性领域发展需求，推进国家制造业创新中心建设；继续实施高档数控机床与基础制造装备等国家科技重大专项；此外，将继续实施工业强基专项行动。

6.4　大数据与互联网+

大数据是指数量/容量规模在 1000 TB（T 指的是 10^{12}）以上的数据（PB 级，P 指的

是 10^{15}）。其基本特性主要体现在所谓的"4V"上：体量巨大（Volume）、种类繁多（Variety）、蕴含的商业价值高（Value）、要求的处理速度快（Velocity），如图 6.7 所示。

图 6.7 大数据的基本特性

面对巨大、复杂、高速、不定变化的大数据，需要有别于传统数据处理技术的、全新的技术体系、分析方法和处理模式。利用新技术、新方法、新模式，从数量巨大和种类繁多的数据中，在有限的时间内快速获得有价值的信息，就是大数据。化大的"数"为决策和行动，尤其是预防和预防的"据"、确定"不确定性"、发现规律、辅助决策、预测未来，正是大数据的价值和魅力所在，也是互联网时代，大数据走向企业、社会、应用并实现自身不断发展的潜力所在。在互联网和大数据时代，数据将成为经济社会运行中不可或缺的核心资源。中国正朝着这个时代方向奔跑，但还有一段距离，还有不少的路要走。基于对大数据的研究与利用，将形成新的、巨大的产业链，涉及大数据技术、大数据工程、大数据科学、大数据应用等众多领域。

从体系框架来看，大数据主要由三部分组成：数据采集与准备体系、数据建模与分析体系、分析结果解释与数据质量评价体系。其中，最核心、最关键的部分是数据建模与分析体系，由过去更多依托"炒菜"式的试验方法来发现规律，转为从"大"的历史数据、已有数据中寻找事物之间的内在联系与潜在规律，消除"不确定性"，为决策与预测提供强有力的支撑，是大数据区别于传统分析与研究方法的最大特点。

从应用层次来看，大数据分析可分为三个基本层次：仅将数据分析当作单独工具使用，不专门建系统；将数据分析嵌入系统，成为部门级应用；数据分析的企业级应用，将其作为整个企业决策与运营的"CPU"。

目前，国内应用数据分析技术和工具（当然这离大数据的要求还有很大距离）的企业基本还处于第一层次。某些企业能够做到第二层次，达到第三层次的则可以说基本还没有。只有达到了第三层次，使数据分析真正成为企业的核心，才能认为跨入了大数据的门槛。

互联网上的数据到底有多"大"？实在太"大"了，谁也说不清楚！不过，从"1 分钟内互联网上发生了什么？"（这是 Intel 等公司及 PC Mag、Business Insider 等网站最近做的一项有趣的调查）可见一斑，以下是从统计结果中摘取的部分数据。

- IP 数据量：传输 639800000000000 字节。
- 电子邮件：发送 204000000 封。
- Google：完成 2000000 次搜索。
- Facebook：更新 246000 个状态。
- Facebook：6000000 人点击阅读。
- Facebook：增加 350000000000 字节数据。
- Twitter：发送 278000 条 Tweet。
- YouTube：增加 72 小时视频。
- iTunes：下载 15000 首音乐。
- Instagram：新增图片 216000 张。
- Flickr：浏览 20000000 次照片。
- Amazon：销售 83000 美元的产品。
- Skype：通话 1400000 分钟。
- Wikipedia：发布 6 篇新标题文章。
- Sina：发送数万条微博。
- Apple AppStore：下载数万次。

以上所列举的不过是目前 1 分钟内在互联网上产生的一小部分数据，由此可见，在互联网上产生、聚集的数据其之多、其之"大"。

再看以下几组数据。

- 2009 年，美国政府产生的数据为 848 PB（P 指的是 10^{15}）。
- 2009 年，美国医疗数据为 150 EB（E 指的是 10^{18}）。
- 2012 年，全球产生的数据量为 1.8 ZB（Z 指的是 10^{21}）。
- 2013 年，据 Gartner 统计，全球互联网企业在数据中心建设方面的支出为 1500 亿美元；近年来，Google 每年固定支出 40 多亿美元，用于升级、改造或新建数据中心，以对爆炸式增长的大数据做出响应，支持其网页索引、网络搜索、电子邮件、照片存储、地图与街景服务等。
- 2017 年，据 Cisco 统计，全球数据中心流量达 7.7 ZB（Z 指的是 10^{21}）。
- 据 MarketsandMarkets 预计，全球大数据市场 2018 年将达 500 亿美元。
- 据 IDC 预测，全球数据量 2020 年将达 35 ZB（Z 指的是 10^{21}）。

大数据的战略意义不在于其多、其大，而在于如何对这些蕴含一定意义和价值的数据进行深入分析和专业化处理，在于如何将巨大的"数"化为决策和预测的"据"！

如果把大数据比作一种产业，那么这种产业实现盈利的关键在如何提高对数据的加工能力，通过加工实现数据的增值，让我们更好地理解和把握不明的、随机的事物，发现事物的内在本质和发展规律，使大数据成为具有强大洞察力、决策力、影响力和驱动力的"4V"信息资产，成为经济和社会发展的"助推器""倍增器"。

当前，人类对自身各类活动，以及地球乃至地球之外各类信息的感知、处理、分析、模拟、认识和预测，已达到了前所未有的高度。虽然离大数据的期望与理想目标还有很大的差距，但人类经济社会生活的几乎各个领域确实都已逐渐步入大数据时代。过去无法测量、存储不下、难以分析、不便共享的许多东西都得到了数据化，使得人类第一次有机会、有条件在非常众多的领域、非常深入的层面上获得和使用各种数据，深入探索世界的规律，获得过去无法企及的机会、无法探知的规律，极大地提高了人类的生产力、竞争力、创新力和预见力。

已经有很多实例或研究报告证实了大数据的这种能力和潜力。Google、Amazon、百度、淘宝等全球互联网巨头及一些第三方数据平台型企业，都在探索以大数据为基础的新商业模式；IBM、微软、EMC、HP 等全球 IT 巨头，通过收购大数据相关厂商实现与大数据的整合；"Google 流感趋势"（Google Flu Trends）利用搜索关键词可预测禽流感的散布；Netflix 公司在构思之初，就充分利用了大数据这一"秘密武器"，通过对用户搜索、点播、播放互联网视频之爱好、习惯、行为等进行深入挖掘和分析，决定了拍什么、怎么拍，并最终成功推出了"纸牌屋"这一火爆的美剧；美国洛杉矶警察局和加利福尼亚大学合作利用大数据预测犯罪的发生；美国麻省理工学院利用手机定位数据和交通数据支持城市规划；统计学家 Nate Silver 利用大数据成功预测 2012 年美国选举结果；等等。

2012 年，美国白宫发起"从数据到知识再到行动"活动，美国政府连续发布了"大数据计划"和"数字政府战略"，将大数据提升到了与当年的互联网、超级计算等同等重要的国家战略高度，以提升人们从海量、复杂、动态的大数据中获取知识的能力，加速美国在科学与工程领域发明的步伐，增强国家安全、促进经济发展、转变现有教学模式和学习方法（如 MOOC）。首批共有 6 个联邦部门宣布投资 2 亿多美元，共同提高大数据所需核心技术的先进性，并形成合力，扩大在大数据技术开发和应用方面所需人才的培养和供给。这些行动计划和国家战略有望以一种全新的方式让数据迸发出别样的力量！

应形势的发展，近年来，我国也制定了一系列有关大数据的国家战略、政策规划、顶层设计，确定了中长期发展目标、发展原则，积极构建有利于大数据良性发展的生态环境、整合创新资源、建立行业联盟、寻求关键技术突破、开展领域应用示范，着力推动我国大数据科研、产业、应用与经济的发展。

互联网作为一个数据平台、一个数据集散地，聚集了大量、海量的数据，完全可以借助新的大数据理论和技术，分析其中蕴含的丰富内容、发现其中存在的统计规律，以便互联网今后提供更好的服务和应用，为互联网行业今后实现更好、更快的持续发展提供定量化的依据。

目前最典型、最主要的互联网服务和应用包括网络新闻、搜索引擎、电子商务、网络广告、旅行预订、社交网络、博客微博、网络视频、网络音乐、网络游戏等，对于当中的许多服务和应用，大数据的新理论、新技术都大有用武之地，将助推互联网服务和应用得到更好的发展，也将使大数据的新理论、新技术在互联网行业找到新的切入点、应用点，从而实现互联网与大数据两大新兴领域的有机结合。

6.5　互联网大数据的应用及发展

许多文献介绍了大数据在互联网领域的应用现状及未来发展。

6.5.1　电子商务

随着互联网的建设和发展，近年来，电子商务在我国得到了蓬勃发展，推动了我国互联网经济的繁荣和发展，带来了新的经济增长模式和经济增长点。电子商务产生的大数据，包括网购第三方平台的经营者、网店经营者、网购消费者及库存、物流等产生的各种各样数据，对政府管理和企业经营提出新的挑战，也带来新的价值。

依托大数据理论和技术，对网络购物、网络消费、网络团购、网上支付等数据进行深度挖掘、深入分析，可发现大量有价值的信息与统计规律，对布局和推动今后我国互联网经济的健康有序发展、进一步规范经营者和消费者的电子商务活动、加强国家对该领域的宏观调控和监管等均将产生积极的影响。

大数据分析可给电子商务网站带来巨大的经济效益，但随之而来的一个问题是消费者隐私保护问题，对此必须予以高度重视。不当地利用消费者数据会侵犯消费者的隐私，目前我国尚无专门的隐私权保护法律，有必要尽快为此建立相应的法律法规。据称，正在修订的《消费者权益保护法》已经注意到了对消费者隐私权等个人信息保护问题，未来电子商务领域的大数据分析和利用将会逐渐走向正轨，找到个性化服务与隐私保护之间的平衡点。

6.5.2　搜索引擎

搜索引擎天生就是一个大数据系统。互联网产生了海量数据，如何从中找到需要的信息就是一个有关大数据的命题。利用大数据理论和技术，通过对网民搜索内容、习惯、爱好、行为、关键词等进行深入分析，可为网站的建设、搜索引擎技术的改进等提供依据。百度、必应、Google 等主流搜索引擎现都要抓取数以千亿计的网页，同时索引数百亿的网页，以提供良好的搜索服务。为了处理如此巨量的数据，MapReduce、Hadoop 等大规模数据处理系统应运而生，利用这些系统，搜索引擎就能高效地计算网页的各项特征，为索引数以千亿计的网页打下基础。

6.5.3　网络广告

利用大数据理论和技术，可深入分析网络广告的效果及其对商品销售等的影响，以及广告"读者"对之的反应等。在传统广告中，广告主不清楚受众是谁、什么年龄层、看完广告之后什么感受，甚至是电视的收视率都无法精确统计，更谈不上广告的投放效果了。而互联网广告则可体现出更多的智能：广告主可以了解目标客户在哪、谁看了广告、广告的效果如何等，这些都可以粗略计算出来，而这背后就是对大数据的充分利用，产业界称为计算广告学。顾名思义，计算广告学是计算驱动广告的学科。从根本上说，计算广告学之所以能够兴起，主要原因来自互联网公司的大数据能力。计算广告将逐步取代传统广告粗放式的广播模式，减少信息的不平衡，并减少视觉污染，将成为未来数字商业的基石。

6.5.4　旅行预订

网上预订旅行产品、旅行行程、车票机票等已成为互联网的一项非常重要服务和应用，并因此聚集了大量的有关游客/乘客、景区/景点、宾馆/饭店等的数据，利用大数据理论和技术对此进行深入、精细分析，可为更好地布局和推动我国旅游经济和假日经济的发展、更好地为游客提供旅游产品和旅游服务、更好地建设景区和景点等提供参考和依据。

大数据是旅游企业在新的互联网时代面临的最大机遇，但现在旅游领域中的大数据应用仍处于起步阶段。携程、艺龙、去哪儿等平台型企业已经意识到了大数据分析的重要性，开始应用大数据来改进自己的产品体系。对于旅游领域的大数据应用，未来的一个重要技术趋势是对用户的点评数据进行分析，通过对不同来源的点评数据进行抓取和分析，可以直观地分析出用户的需求和喜好，为打造个性化服务提供数据支持，并可及时发现企业存在和潜在的问题。

6.5.5 网络游戏

网络游戏为互联网时代的民众带来了新的娱乐形式，利用大数据技术对用户行为进行深入分析，可更好地发现其兴趣、需求，推出更好的网络游戏产品，提高服务质量、增强用户体验、推动网游经济发展。越来越多的网络游戏厂商开始建立实时大数据平台，以收集用户在游戏中的行为数据，通过分析来理解每个用户如何玩游戏、其动机和潜在的价值，以便调整游戏设计、细分用户类别，对不同的用户有针对性地进行实时自动营销，更好地满足用户的需求。

6.5.6 互联网金融

以余额宝为代表的互联网金融产品在 2013 年刮起一股旋风，截至目前，规模超 1000 亿元、用户近 3000 万人。相比普通的货币基金，余额宝鲜明的特色在哪里？就在大数据！以基金的申购、赎回预测为例，基于淘宝和支付宝的数据平台，可以及时把握申购、赎回变动信息，并可利用积累的历史数据把握客户的行为规律。阿里小贷更是得益于大数据，它依托阿里巴巴、淘宝、支付宝等平台数据，不仅有助于识别和分散风险，提供有针对性、多样化的服务，批量化、流水化的作业更使交易成本大幅下降。当然，传统金融业现也开始"拥抱"大数据，例如，中国工商银行正在建设基于线下 POS 机的网络信息数据平台，平安集团也在联手百度共同研究消费者网上行为习惯以创新产品与服务等。

6.5.7 数字政府

纵观全球，美国政府的开放数据服务走在世界的最前列，大数据的技术开发、商业创新和收益比重都处于领先地位，并逐步构建起大数据时代的数据基础、技术支撑和平台基础。2012 年，白宫科学技术政策办公室（Office of Science and Technology）发布了"大数据研究和发展倡议"（Big Data Research and Development Initiative），正式启动"大数据研究和发展计划"，将大数据研发融入政府开放战略，上升为国家意志。该计划拟投入 2 亿多美元，旨在提升美国利用大数据获取价值和信息的能力，并利用大数据技术在国家安全、环境保护、教育科研等领域实现突破。大数据正在成为美国国家安全战略、国家创新战略、国家信息和通信技术产业发展战略，以及国家信息网络安全战略的核心领域。

美国大数据研发涉及农业、商业、能源、健康、生态、教育、公共安全等诸多方面，其中，生态环境保护是美国推动大数据发展的重要领域之一：一方面，环境数据的收集、共享和再利用可满足美国政府对大数据研究和发展的整体需求；另一方面，环境保护工作的开展必须依靠大量的数据信息和信息技术支持，从而更加科学全面地认知生态环境，更好地保护环境与人体健康。美国联邦环保局依托数据和数据分析进行科学决策，在风险评估、环境执法、能力建设、研发与宣教等多项工作中全面引入大数据的分析与应用。为保障数据资源的有效整合，美国政府先后出台了一系列政策和具体措施，推动信息公开与有序共享。2012 年，美国政府发布"数字政府：建立一个面向 21 世纪的平台以更好服务美国公众"行政令，确定"应用大数据支撑政务活动开展"的政策导向，提出了新的实施原则及其概念模型，并明确了联邦行政机构推进具体工作的路线图。2013 年，美国政府发布"政府信息默认开放和机器可读"行政令，提出政府信息应默认为可读状态，并应保证数据间的开放性和互操作性。政府信息中隐含着社会动态、经济规律、科技发展等重要信息，可供大数据的开放共享、充分挖掘和利用，是支撑国家安全的重要战略资源，但也对各国国家安全形成了严重威胁。为此，美国政府在 1967—2002 年先后颁布了 11 部联邦法律法规，确保信息公开与信息安全齐头并进，通过相对完善的立法为大数据的长远发展提供法律保障。

6.5.8 城市可持续发展

城市人口的快速膨胀导致的最直接后果便是环境供给与人口需求之间的矛盾，不解决这个问题，环境承载的压力将会越来越大。如何在保证城市居民生活质量和经济发展水平的同时又不加重环境负担，创造一个环境优美又健康宜居的"绿色之都"，保持城市的可持续发展，这些早已成为各国政府在城市管理过程中的重要关注点。

瑞典首都斯德哥尔摩于 2010 年被欧盟委员会评定为"欧洲绿色首都"；在普华永道2012 年智慧城市报告中，斯德哥尔摩名列第五，在分项排名中，智能资本与创新、安全健康与安保均为第一，人口宜居程度、可持续能力也名列前茅。

和其他城市一样，这座北欧之都也面临着严峻的人口压力。据瑞典官方统计，目前每年都有将近 2 万人口迁徙到斯德哥尔摩。面对人口压力及其影响，斯德哥尔摩市政厅规划了"远景 2030"（Vision 2030）项目，力求找到资源、环境、能源、科技的综合优势来保证城市生活质量和可持续发展。

瑞典信息技术研究中心高级科学家马库斯·比隆德说："智慧城市的根本在于如何让城市更有可持续性、更有效率，让原有的技术或者设施以新的形式或者理念来运作。"

近年来，拥有陆地面积 1.6 平方千米、居民 1.8 万人的哈姆滨湖城，成为斯德哥尔摩最大的近郊发展项目，其目标是打造成为未来城市发展的标志和典范。

哈姆滨湖城信息中心负责人玛琳娜·卡尔松表示："如何使用有限的城市资源和能源来满足城市居民的需求，同时又保证资源可持续及循环利用才是智慧城市最大的挑战。"

在哈姆滨湖城，能看见一排电子垃圾桶，分别用于接收食物垃圾、可燃物垃圾及废旧报纸等不同类别的垃圾。这些电子垃圾桶通过各自的阀门与同一条地下管道相连，阀门分别在每天自动打开两次，不同类别的垃圾进入地下管道，并以 70 km/h 的速度被输送到远郊，在计算机的控制下自动分离并输送到不同的容器里，按需要循环利用。整个过程都是通过计算机控制的。玛琳娜·卡尔松指出，这个系统提高了垃圾传输和处理速度，以及再利用效率，环境保护程度相应提高了，这就好比把一个装着技术、设施、行为、环境等的大盒子，放到可持续性这么一个托盘上。

由于斯德哥尔摩特殊的地理环境，很多地区被湖水或海水隔断，哈姆滨湖城这样的近郊地区很容易形成孤岛，因此与市中心的交通衔接变得十分重要。通过网络提供实时路况信息和出行路线规划，每天大约有 7 万人骑车穿越斯德哥尔摩市区。为了让人们选择最便捷、最环保、最舒适的出行路线，市政府在交通信号设计上，遵循了自行车优先的原则，其次是公交车。在斯德哥尔摩，30% 的城市居民选择走路或骑自行车的方式上下班，61% 的人乘坐公共交通工具。

"公共交通设施是衡量智慧城市的一个重要指标，斯德哥尔摩的公共交通系统已经实现了智慧化，可以随时随地用手机查阅交通工具的到达时间，也可以通过短信来买票。"马库斯·比隆德告诉记者，"越来越多的人选择了公共交通，最终有益于城市环境的可持续发展。"

在哈姆滨湖城，一位在这里居住了 8 年多的瑞典人微笑着说："其实这里原来就是个旧工业区，环境差，治安也恶劣，现在发展成一个现代化的可持续性的城区，这本身就很智慧。"让科技、环境、资源、基础设施、生活质量、城市适应力和居民意识像斯德哥尔摩居民喜欢的多座自行车一样，各环节协同驶向可持续性城市，这背后的理念更像是一种哲学思想。

大数据应用在环境保护有两个亮点：首先是全天不间断监测地环境变化，其次是基于可视化方法的环境数据分析结果和治理模型的立体化展现。通过虚拟的数据我们可以模拟出真实的环境，进而测试所制订的环境保护方案是否有效，这种极具创意的环境治理方式已经在多个国家得到应用。

纽约曼哈顿有一条哈德森河（Hudson River），北起阿迪龙达克山区，绵延 500 km 南下，入海口在纽约港。哈德森河被"发现"于 1609 年，当时是英国人亨利·哈德森在美国的北大西洋海岸航行，企图找寻一条快捷的水路到中国时发现的。现在 1000 多万居民居住在河的两岸，哈德森河曾经是富饶的果篮子、菜篮子，19 世纪中，如画的风景和便利的交通，吸引了越来越多的富商来河谷两边的山上修建度假的宅邸。

但是在过去 20 年里，居民造成下水道污物的沉积，以及近代大型工厂倒入的有毒化学物质，使这条生态系统敏感的河流受到了严重的污染，通用公司的两家工厂还曾将含有多氯联苯的工业污水直接排放到哈德森河里，多处河段不能作为饮用水水源，渔业年产量锐减 60%。

20 世纪 80 年代，环保主义热潮涌起，为了保持、恢复哈德森河的生态系统，纽约州政府发起了一个"新一代的水资源管理计划"，在河的全程都安装了传感器，一些传感器甚至高达 2 m。这些传感器把水中的不同层面、各种各样的物理、化学、生物数据，包括河流中的盐都、浊度、叶绿素和颗粒物粒径等信息，实时地通过网络传递到后台的计算中心区，在水面之上的传感器则负责收集河流的风向和风压数据。数据像流水一样不间断地生成，不间断地被处理，并与历史数据进行比对。

后台的计算中心区分为三个环节：首先是数据传输环节，传感器将从河中与周边环境收集到的数据以实时、连续的方式传送给系统管理层；在接下来的这一环节，关于河流的不同类型数据将被清洗，后台通过消除数据的异源性，使关于哈德森河的数据一致化，并具有互通性，然后在分析管理平台对这些数据进行可视化的展现，流水何时被污染，化学、物理、生物成分发生了什么变化，一看便知；接下来数据科学家便可利用这些处理过的信息建模拟一个哈德森河的环境模型和治理方案，评估不同的治理和人类干预对于哈德森河环境的多方影响，以保证在实际治理时的效率和效果。

6.5.9　能源大数据

能源大数据的理念是将电力、石油、燃气等能源领域的数据，以及人口、地理、气象等其他领域的数据进行综合采集、处理、分析与应用的相关技术与思想。能源大数据不仅是大数据技术在能源领域的深入应用，也是能源生产、消费及相关技术革命与大数据理念的深度融合，将加速推进能源产业的发展及商业模式的创新。

目前，能源大数据理念尚处于逐步发展过程中，从国内外的主要实践案例来看，已初步形成了三类应用模式。

1. 能源数据综合服务平台

该模式通过建设一个分析与应用平台，集成能源供给、消费、相关技术的各类数据，为包括政府、企业、学校、居民等在内的不同类型参与方提供大数据分析和信息服务。在该模式中，电网企业具有资金、技术、数据资源等方面的优势，具备成为综合服务平台提供方的条件。

典型案例是美国得克萨斯（Texas）州奥斯汀（Austin）市实施的、以电力为核心的智慧城市项目。该项目以智能电网设备为基础，采集了包括智能家电、电动汽车、太阳能光伏等的详细用电数据，以及燃气和供水数据，形成一个能源数据的综合服务平台。奥斯汀市智慧城市项目商业模式如图 6.8 所示。

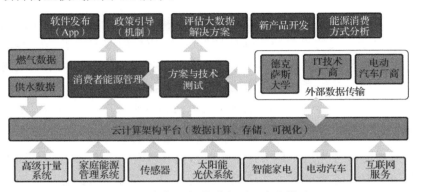

图 6.8　奥斯汀智慧城市项目商业模式

该项目已在节能环保、新技术推广、研发测试等方面发挥了重要的平台服务支撑作用。一方面在消费者能源管理方面，为居民能源消费、住宅节能、交通出行等方面提供了优化建议，促进了节能环保。例如，环保住宅的能耗降低比例可达 27%；对居民太阳能电池板安装朝向进行优化，可使发电量增加 49%等；另一方面为企业提供电动汽车、智能家电等产品开发与技术测试服务。例如，将电力数据与汽车里程、分时电价、油价数据相结合，可提供电动汽车性能分析、充电站布局优化，以及根据用户习惯确定最佳充电时间等服务。

2．为智能化节能产品研发提供支撑

该模式主要将能源大数据、信息通信与工业制造技术结合，通过对能源供给、消费、移动终端等不同数据源的数据进行综合分析，设计开发出节能环保产品，为用户提供付费低、能效高的能源使用与生活方式。以智能家居产品为例，该模式既可为居民用户提供节能降费服务，以及快捷便利的用户体验，也可对能源企业尤其是电力企业在改善用户侧需求管理、减少发电装备等方面发挥作用。在该模式中，电网企业不一定具备产品研发优势，但可利用电力数据采集与分析方面的优势，既可通过与设备制造商合作改进用户需求侧管理，也可通过共同参与研发并在产品销售中获取收益。该模式的典型案例是美国 NEST 公司研发的智能恒温器产品，该产品可以通过记录用户的室内温度数据智能识别用户习惯，并将室温调整到最舒适状态。NEST 产品商业模式如图 6.9 所示。

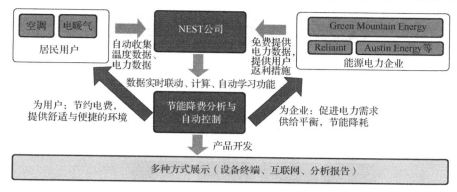

图 6.9　NEST 产品商业模式

　　该模式可以实现产品制造商、电力企业、用户三方共赢。作为产品制造商的 NEST 公司免费获得合作企业提供的部分电力数据，借此完善预测算法，并通过多种方式（恒温器设备、互联网、分析报告）展示分析结果；电力企业在智能恒温器支持下，改进需求侧管理，节约发电装机与调峰成本；用户使用产品自动控制房间温度，并节省用电费用。据报道，售价 250 美元的 NEST 恒温器每年可在电费和供热开支方面为家庭节省 173 美元，一年时间已节省了 2.25 亿千瓦时的能量，相当于 2900 万美元费用。该商业模式已得到谷歌公司的高度关注和认可。目前，NEST 公司已被 Google 公司收购，Google 公司力图借助该模式推动其在新能源领域的全方位战略布局。

3. 面向企业内部的管理决策支撑

　　能源大数据对能源企业自身同样具有重要价值，通过将能源生产、消费数据与内部智能设备、客户信息、电力运行等数据结合，可充分挖掘客户行为特征，提高能源需求预测的准确性，发现电力消费规律，提升企业运营效率效益。对于电网企业，该模式能够提高企业经营决策中所需数据的广度与深度，增强对企业经营发展趋势的洞察力和前瞻性，有效地支撑决策管理。

　　该模式的典型案例是法国电力公司智能电表大数据应用。法国电力在筹建大数据研究团队初期，选择用户负荷曲线为突破口，将电网运行数据与气象、电力消费数据、用电合同信息等结合起来进行实时分析，以更加准确地预测电力需求侧变化，并识别不同客户群的特点，通过优化需求侧管理，改进投资管理与设备检修管理，提升运营效率效益，其中通过优化需求侧管理，使电网日负荷率提高至 85% 左右，相当于减少发电容量 1900 万千瓦。

　　法国电力公司大数据支撑内部决策的应用如图 6.10 所示。

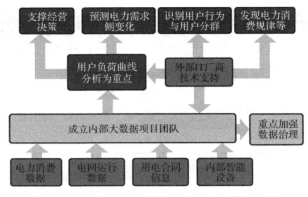

图 6.10   法国电力大数据支撑内部决策的应用

综合上述分析，未来能源大数据的应用前景主要是在已有模式的基础上，进一步发挥"黏合剂"与"助推剂"作用，推动能源产业探索建立具有"平台"特征的、完整的能源生态系统。"黏合剂"主要是指对其他企业的吸引力，以及形成平台模式后的协同效应，"助推剂"主要是指对能源产业生产、消费革命，以及企业发展转型的推动作用。

6.5.10   智能电网大数据

智能电网的最终目标是建设成为覆盖电力系统整个生产过程，包括发电、输电、变电、配电、用电及调度等多个环节的全景实时系统。而支撑智能电网安全、自愈、绿色、坚强及可靠运行的基础是电网全景实时数据采集、传输和存储及累积的海量多源数据快速分析。

大数据早期主要应用于商业、金融等领域，后逐渐扩展到交通、医疗、能源等领域。智能电网被看作大数据应用的重要技术领域之一。一方面，随着智能电网的快速发展及智能电表的大量部署和传感技术的广泛应用，电力工业产生了大量结构多样、来源复杂的数据，如何存储和应用这些数据是电力公司面临的难题；另一方面，这些数据的利用价值巨大，不仅可将电网自身的管理、运行水平提升到新的高度，甚至可以产生根本性的变革，为政府部门、工业界和广大用户提供更多更好的服务，为电力公司拓展诸多增值业务提供条件。

国内外大学和研究机构、IT 企业、电力公司均开展了智能电网大数据研究和工程应用。在国外，一些 IT 企业，如 IBM、Oracle 等，陆续发布大数据白皮书；IBM 和 C3-Energy 开发了针对智能电网的大数据分析系统；Oracle 提出了智能电网大数据公共数据模型；美国的电力科学研究院等研究机构启动了智能电网大数据研究项目；美国的太平洋燃气电力公司、加拿大的 BC Hydro 等电力公司基于用户用电数据开展了大数据技术应用研究。在国内，中国电机工程学会发布了电力大数据白皮书；国家科技部于 2014 年设立了 3 项 863 项目，支持智能电网大数据研究；自 2012 年以来，国家电网公司启动了多项智能电网大数据研究的项目，江苏省电力公司于 2013 年初率先开始建设营销大数据智能分析系统，开展了基于大数据的客户服务新模式应用开发研究；北京电力公司等也正在积极推进营配数据一体化基础上的智能电网大数据应用研究。

电网系统实施大数据的驱动力如下。

（1）电力公司部署了大量的智能电表及用电信息采集系统，其中包含的巨大价值需要挖掘。例如，根据用户用电数据，可分析出用户的用电行为，为形成合适的激励机制、实施有效的需求侧管理（需求响应）提供依据。

（2）电力公司资产巨大，资产的监测和运维涉及大量复杂的数据，通过数据分析，可提高电网资产利用率和设备管理水平，存在巨大经济效益。

（3）在实现营配数据一体化基础上，通过数据分析，电网公司可进行有效的停电管理，提高供电可靠性；也可进一步提高电能质量，减少线损；可防止用户窃电，以及避免造成其他非技术性损耗；经济效益显著。

（4）大数据将促进地球空间技术、天气预报数据在智能电网中的应用，提高负荷和新能源发电预测精确度，提高电网接纳可再生能源的能力。

（5）通过大数据分析，可探索新的商业模式，为电网公司带来经济效益。

从大数据存储与处理之间相互关系的角度出发，主要的存储及处理模式可以分为流处理和批处理两种。流处理是直接处理，将数据视为流，数据流本身具有大量、持续到达且速度快等特点，当新的数据到来时就立刻进行处理并返回所需的结果。这种模式适合电网中对实时性要求比较高的业务，如电源与负荷的联合调度，以及设备的在线监测等。批处理是先存储后处理其核心思想在于将问题分而治之。这种处理模式适合电网规划等对于实时性要求不高但数据量非常庞大繁杂的业务。智能电网是一个不断发展的系统工程，可将来自方方面面的数据在逻辑上集中起来进行管控，无法保证其可行性、可靠性与可扩展性，而融合了分布式文件系统、分布式数据处理系统、分布式数据库等的云计算技术，可以作为大数据存储和处理的基础平台与技术支撑，为大数据在智能电网中的应用提供服务。

通过将数据可视化技术与其他数据解析技术相配合，可为智能电网提供如下功能。

（1）概观与相关：对完整的电网数据集给出一个全貌，展示动态高维数据的发展趋势，并对数据资产进行价值评估，对数据进行降维，并基于各数据项彼此之间的相关性，有选择地向业务部门或用户提供有价值的信息。

（2）放大、过滤与需求驱动：把用户的相关兴趣点放大并过滤掉不必要的信息，选择用户更为关注的浮动电价、不同居民用户电能消费特征、用户能耗等级，以及楼栋能源效率等内容进行细节化的展示。

（3）态势预估与展现：对电网中不断发展的具有不确定性的变化点进行态势预估与宏观展现，如空间负荷增长趋势预测、网架扩展态势展现，以及极端天气的可视化应急响应等。可以说，数据可视化既是一种数据分析工具，也是一种结果展示方法，能够直观地体现智能电网大数据的应用方式与应用价值。

智能电网大数据目前重点在三个方面开展：一是为社会、政府部门和相关行业服务；二是为电力用户服务；三是支持电网自身的发展和运营，每个方面包含了若干技术领域，如表 6.1 所示。

表 6.1　智能电网大数据重点方向和重点领域

重点方向	重点领域
服务社会、政府部门和相关行业	社会经济状况分析和预测，相关政策制定依据和效果分析，风电、光伏、储能设备技术性能分析
面向电力用户提供服务	需求侧管理/需求响应、用户能效分析、客户服务质量分析与优化、业扩报装等营销业务辅助分析、供电服务舆情监测预警分析、电动汽车充电设施建设部署
支持公司运营和发展	电力系统暂态稳定性分析和控制、基于电网设备在线监测数据的故障诊断与状态检修、短期/超短期负荷预测、配电网故障定位、防窃电管理、电网设备资产管理、储能技术应用、风电功率预测、城市电网规划

电力关系经济发展、社会稳定和群众生活，其需求变化是经济运行的"晴雨表"和"风向标"，能够真实、客观地反映国民经济的发展状况与态势。智能电网中部署的智能电表和用电信息采集系统，可获取详细的用户用电信息。用电信息采集系统与营销系统所累积的电量数据属于海量数据，需要采用大数据技术实现多维度统计分析、历史电量数据比对分析、经济数据综合分析等大数据量分析工作。对用户电量数据从分行业、分区域、分电价类别等多个维度开展用电情况统计分析，提取全社会用电量及相应的社会经济指标，分析用电增长与相应社会经济指标关联关系，归纳总结各指标增长率与全社会用电情况的一般规律。通过对用户用电数据的分析，可为政府了解和预测全社会各行业发展状况和用电状况提供基础，为政府就产业调整、经济调控等做出合理决策提供依据。通过分析行业的典型负荷曲线、用户的典型曲线及行业的参考单位 GDP 能耗，可为政府制定新能源补贴、电动汽车补贴、电价激励机制（如分时电价和阶梯电价）、能效补贴等国家和地方政策提供依据，也可为政府优化城市规划、发展智慧城市、合理部署电动汽车充电设

施提供重要参考，还可以评估不同地区、不同类型用户的实施效果，分析其合理性，提出改进建议。

　　此外，根据不同的气候条件（如潮湿/干燥地带、气温高/低地区）、不同的社会阶层将用户进行分类；对于每一类用户又可绘制不同用电设备的日负荷曲线，分析其主要用电设备的用电特性，包括用电量出现的时间区间、用电量影响因素，以及是否可转移、是否可削减等，对于受天气影响的用电设备，如热水器、空调等，需分析其对天气的敏感性。当然，不同的季节，以及每日中的不同时间，用户用电对天气的敏感性都是不同的。分析不同用户对电价的敏感性，包括在不同季节、不同时间对电价的敏感性。在分类分析的基础上，通过聚合，可得到某一片区域或某一类用户可提供的需求响应总量，再分析哪一部分容量、多少时间段的需求响应量是可靠的，分析结果可为制定需求管理/响应激励机制提供依据。

　　要对用户进行用电效率分析，首先需要采集到用户用电设备的分类用电数据，在智能电表部署之前，多采用侵入式方法。例如，在不同的用电设备接线处加装传感器，由传感器获取不同用电设备的数据后，可以通过与典型数据、平均数据进行比对给出能效分析结论。在智能电表大量部署的情况下，由于智能电表可以获得较短时间间隔的用电数据，无须再加装传感器，可以通过电表数据，识别用户端的不同类型负荷比例，并与典型数据进行对比得出能效分析结果。从海量用户的负荷曲线，采用数据挖掘技术，按照特定的函数算法，按行业、季度聚合成行业的典型负荷曲线模型，然后将所有的用户负荷曲线与行业的典型负荷曲线进行对比，分析出与典型负荷曲线变化趋势不一致的用户，由此对用户的能效给出评价，并提出改进的建议。

　　业扩报装辅助分析以营配集成为纽带，将用电信息采集系统、营销系统和 PMS 及 SCADA 系统的数据相融合，实现对变电站、线路及下挂用户和台区的负荷、电量监测分析，为加快业扩报装的速度和提高供电服务水平提供技术支撑，同时可极大地提高电网设备运行的可靠性，为优化配电网结构、降低电网生产故障、提高公司用电营销管理精益化水平提供手段。

　　通过与微博、微信等互联网新媒体的服务对接机制，收集海量的用电信息、用户信息以及互联网舆论信息，建设大数据舆情监测分析体系；利用大数据采集、存储、分析、挖掘技术，从互联网海量数据中挖掘、提炼关键信息，建立负面信息关联分析监测模型，及时洞察和响应客户行为，拓展互联网营销服务渠道，提升企业精益营销管理和优质服务水平。

　　融合电动汽车用户信息、居民信息、配电网数据、用电信息数据、地理信息系统数据、社会经济数据等，可利用大数据技术预测电动汽车的短中长期保有量、发展规模和趋势、电量需求和最大负荷等情况。参照交通密度、用户出行方式、充电方式偏好等因素，依据城市与交通规划及输电网规划，建立电动汽车充电设施规划模型和评估模型，为电动汽车充电设施的部署方案制订和建设后期的效能评估提供依据。

在线暂态稳定分析与控制一直是电力运行人员追求的目标，随着互连电网的规模越来越大，"离线决策、在线匹配"和"在线决策、实时匹配"的暂态稳定分析与控制模式已不能满足电网安全稳定运行要求，因而逐渐向"实时决策、实时控制"的方向发展。基于WAMS 数据的电力系统暂态稳定判据和控制策略决策已有很多研究成果，但目前主要停留在理论研究阶段，并没有付诸实施。在大数据理论和技术指导下，需要将现有的分析方法与数据的处理技术相结合，不仅需要考虑计算速度能否满足需求，还需要考虑数据的缺失和错误对分析结果的影响等问题。此外，如何将分析结果用直观的方法展示出来，以便有效指导运行人员做出科学的决策，也是需要解决的问题

在实现 GIS、PMS、在线监测系统等各类历史数据和实时数据融合的基础上，应用大数据技术进行故障诊断，并为状态检修提供决策，可实现对电网设备关键性能的动态评估与基于复杂相关关系识别的故障诊断，为解决现有状态维修问题提供技术支撑。

分布式能源和微网的并网增加了负荷预测和发电预测的复杂程度。负荷预测必须考虑到天气的影响及能源交易状况，包括市场引导下的需求响应等。传统的预测方法无法体现某些因素对负荷的影响，从根本上限制了其应用范围和预测精度。应用大数据技术，建立各类影响因素与负荷预测之间的量化关联关系，有针对性地构建负荷预测模型，可更加精确地预测短期/超短期负荷。

利用大数据技术，配合故障投诉系统，融合 SCADA、EMS、DMS、D-SCADA 等系统中的数据做出最优判断，建立新型配电网故障管理系统，可以快速定位故障，应对故障停电问题，提高供电可靠性。此外，随着分布式电源在系统中比重的逐渐增加，其接入会影响到系统保护的定值及定位判据。对于带分布式电源的配电网故障定位也要根据不同的并网要求选择合适的定位策略。

电力公司通过电量差动越限、断相、线损率超标、异常告警信息、电表开盖事件等数据的综合分析，建立窃电行为分析模型，对用户窃电行为进行预警；通过营配系统数据融合，可比较用户负荷曲线、电表电流、电压和功率因数数据和变压器负载，结合电网运行数据，实现具体线路的线损日结算，通过线损管理功能不仅可以知道实施窃电用户所在的具体线路，甚至可以定位至某一具体用户，克服目前检查范围广、查处难度大的难题。

这是基于电网设备信息、运行信息、环境信息（气象、气候等），以及历史故障和缺陷信息，从设备或项目的长期利益出发，全面考虑不同种类、不同运行年限设备的规划、设计、制造、购置、安装、调试、运行、维护、改造、更新，直至报废的全过程，寻求寿命周期成本最小的一种管理理念和方法。依据交通、路政、市政等可能具备的外部信息，如工程施工、季节特点、树木生长、工程车 GPS 等外部信息，关联电网设备及线路 GPS 坐标，可对电网外力破坏故障进行预警分析。

由于储能系统大多是由数量庞大的电池单体组成（动辄以万计）的，每个电池单体又包含单体电压、电流、功率、电池荷电状态、平均温度、故障状态等相关信息，汇总起来整个电站监测信息可能达到数十万个，储能相关数据量十分庞大。利用大数据分析技术，可对储能监控系统相关数据进行有效采集、处理与分析，为储能应用提供依据。

通过实现用户用电数据、用户停电数据、城市电力服务数据（95598 客服电话）、基于 GIS 的城市配电网拓扑结构和设备运行数据、城市供电可靠性数据、气候数据和天气预报数据、电动汽车充电站建设及利用数据、人口数据、城市社会经济数据、城市节能和新能源政策及实施效果数据、分布式能源建设和运行数据、社交网站数据等的整合，可识别城市电网的薄弱环节，辅助城市电网规划。在上述数据融合的基础之上，利用人口调查信息、用户实时用电信息和地理、气象等信息绘制"电力地图"，可以街区为单位，反映不同时刻的用电量，并将用电量与人均收入、建筑类型等信息进行比照。通过"电力地图"，能以更优的可视化效果反映区域经济状况及各群体的行为习惯，为电网规划决策提供直观的依据。

总之，智能电网是大数据的重要应用领域。一方面，随着智能电网的建设，产生了大量的量测、监测数据，如何处理这些数据，挖掘其价值，是电力公司面临的问题；另一方面，利用大数据技术，不仅可充分利用电网自身的数据，还可以充分利用外部的数据，大力提升电网的发展和运营水平，提高电网公司服务社会、服务用户的水平，扩展增值业务。

6.5.11　环境保护

从表面上看，大数据就是大量复杂的数据，这些数据本身的价值并不高，但是对这些大量复杂的数据进行分析处理后，却能从中提炼出很有价值的信息。数据挖掘算法是大数据分析的理论核心，其本质是一组根据算法事先定义好的数学公式，将收集到的数据作为参数变量代入其中，能够从大量复杂的数据中提取到有价值的信息，挖掘出环境质量与污染源两者间的联系，并利用这种联系，改善环境管理。预测性分析是大数据分析最重要的应用领域，从大量复杂的数据中挖掘出规律，建立起科学的事件模型，将新的数据输入模型，就可以预测事件的未来走向。环境预测性分析能力常常应用在空气质量预测、水环境质量预测等方面。

为了鼓励企业切实改进，中国公众环境研究中心制定了一个审核标准，一些有能力的机构可以对该标准进行审核，以证明它是不是真正解决了当时存在的那些问题、有没有适当的管理体系、污染处理的设施是否足够等，最终确定是不是能够稳定持续达标排放。一些企业通过审核后，污染记录已被消除，其他企业或者没有通过，或者还在整改的过程当中，审核的过程需要有环保组织的监督。

这是一个新的尝试，本身也是一个鼓励公众参与的过程，企业最终打开了它的"大门"，以往企业都是封闭在四面墙里进行生产的，好像跟周围没有什么关系。但实际上，企业的排放对周边的社区和环境都会有所影响，应该更多地与社区公众进行交流。通过第三方审核，企业打开"大门"，将其生产过程中形成的政府环境监管记录与各种环境管理记录，包括企业环境管理体系的运行情况，和当地的环保组织进行交流，并通过报告展示给公众，这是有益的。

在大数据时代，环境信息化的应用应从大数据中发现具有规律性、科学性和有价值的环境信息，建立环境数据中心，从而为环境部门的日常管理与科学研究服务，协助环保部门更好地预测未来走向。大数据分析最重要的应用领域之一就是预测性分析，从大数据中挖掘出独有特点，通过建立评估和预测预报模型来预测未来发展趋势。大数据的虚拟化特征，还可大大降低环境管理风险，能够在管理调整尚未展开之前就给出相关的答案，让管理措施做到有的放矢。

推进国家生态环境治理体系和治理能力现代化，需要构建以政府、企业、社会公众为多元主体的环境污染防治体系，需要突出污染源企业在环境污染治理的主体责任，需要发挥社会公众参与环境污染治理的作用。在互联网、大数据时代，政府提供电子公共服务让更多的社会公众、企业参与到政府的管理和决策中。通过互联网服务平台，政府部门采集大量社会公众需求信息，收集大量民意信息、诉求信息，这些信息与环境保护部门的数据相结合，一起形成环保大数据。通过对环保大数据进行分析，能够揭示数据之间的关联关系，能够发现现象背后的规律，提高生态环境治理的精准性和有效性。大数据能够变革社会治理的思考方式，将成为提高生态环境治理能力的一个有效手段。把大数据引入政府治理，是管理现代化的必然要求，也是提高生态环境治理能力的新途径。

通过大数据技术，可以实现污染源企业的精准定位。在污染源的生命周期过程中，每个节点所需要的每一类数据，都可以进行收集分析，形成基于污染源管理的数据资源的分布可视图，就如同"电子地图"一般，将原先只是虚拟存在的各种点进行"点对点"的数据化、图像化展现，使环保部门的管理者可以更直观地面对污染源企业。

通过大数据整理、计算采集来的社交信息数据、公众互动数据等，可以帮助环保部门进行公众服务的水平化设计和碎片化扩散；可以借助社交媒体中公开的海量数据，通过大数据信息交叉验证技术分析数据内容之间的关联度等，进而面向社会化用户开展精细化服务，为公众提供更多便利，产生更大价值。

随着大数据技术的不断发展，将大数据的理念引入到环境数据中心，作为一种全新的环保行业数据解决方案，也越发成了可能。大数据技术在环境数据中心建设中可以采取的应用方式大体上有以下几种。

（1）采用数据众包：对于环境数据采集工作，可以借鉴数据众包思路，例如对于污染源企业的部分监管工作，环保管理部门可通过平台自助式地把各类数据采集类型任务发布给公众人群，公众利用手机参与应用，就可直接完成各类数据采集任务；也可以利用互联网进行全网监测，依据采集的内容，环境管理者可以更好地了解社会热点事件、政策实施效果等。

（2）建立 NoSQL 数据库：传统的环境数据库一般采用关系型数据库来进行存储管理，但是关系型数据库有很大的局限性，例如，难以满足对海量数据高效率存储和访问的需求，难以满足对数据库高可扩展性和高可用性的需求。因此需要研究、选择适合环境大数据管理的数据模型，建立 NoSQL（Not only SQL）数据库，实现在云计算环境下对污染源数据的分布式高效处理、存储。

（3）数据质量管理：数据质量管理是大数据在环保领域的重要应用，为保证大数据分析结果的准确性，需要剔除大数据中不真实的数据，保留最准确的数据，这就需要建立有效的数据质量管理系统，分析收集到的大量复杂数据，挑选出真实有效的数据。

（4）环境数据的收集与共享：现阶段，我国环境数据的可获得性与发达国家相比，还是比较缺乏的。一方面，缺乏污染物必要的监测数据，对某些污染物的监测近些年才开始起步，如 PM2.5；另一方面，很多环境数据主要集中于环保部门，并不对外公开。这不仅不利于大众对环境危害程度的认知，而且也给环境治理及相关研究带来很大局限。例如，由于数据缺乏，许多环境治理相关研究有时不得不依赖推算的方法获得数据，这在一定程度上降低了数据的可靠性，也增加了研究结果的不确定性。应用大数据的思想和方法，可将环境数据监测、收集、共享和分析统一起来，可以有效提高环境数据收集的广度、深度及可靠性。目前，我国需要建立的污染物排放清单就可以运用大数据的思想和方法建立，从而深入详尽地调查环境污染的"本底"。这种基于大数据的环境数据的收集、公开和共享，可以为认识环境问题、进行环境治理打下重要基础。

（5）环境预警和环境政策：只有在充分认识环境损害和成因的基础上，才能较好地实现环境预警。应用大数据挖掘的方法可以将污染物排放和相关环境、气象及健康等多种复杂信息或指标数据相结合，不易遗漏重要信息，避免因只偏重某一领域的信息而带来片面性，从而可以全面深入地分析环境成因和评判环境损害，并在此基础上对环境进行科学预警。环境治理相关政策往往涉及多个领域，不同领域的专家通常会从各自领域提出不同的政策建议。例如，以雾霾治理为例，化学学者或气象学者可能偏重于从污染物解析、化学及气象变化的研究角度提出相关政策建议，而经济学者则比较侧重于从产业和人类经济活动角度提出政策建议。大数据科学作为多领域的新兴交叉科学已经逐步形成，应用大数据挖掘的方法，可以吸收不同学科领域的思想和模型方法的优点，将各种各样的因素结合起来，从而产生更大的价值。例如，可以将大气模型和经济模型所考虑的因素及相关数据与数据挖掘方法整合在一起，可更系统地提出一些政策建议，如实施哪些政策手段能实现减少环境损害和避免经济损失的双赢。

（6）环境目标设定与综合管理：在环境治理目标的设定方面，许多减排目标，如SO_2、NO_x、CO_2，多为国家或省、直辖市层面的目标，在具体落实时还需要进一步向下分解；在具体落实 PM2.5 的浓度目标时，也需要将其分解并转化成不同污染物的减排目标。目前，这些目标的设置较多地依赖于经验，有时会出现目标偏松或偏紧的状况。基于大数据的分析和挖掘方法，可以设定更为合理的治理目标，且可针对不同地区、不同污染源设定较为细分的目标。大数据的方法和技术可以实现单一环境目标向多种环境目标的综合管理转变，同时有利于区域的联防联控。单一控制某一种污染物时并不能保证其他污染物目标一定会实现，而且分别控制多个单一污染物通常比多污染物同时控制的成本高，各区域分别防控也比区域联防联控的成本大。大数据挖掘方法可以为多种环境目标综合管理和多区域联防联控提供更多的支撑，以最小的成本实现最大的环境效益，如同时实现SO_2、NO_x、PM2.5 减排和减碳等目标，或者实现京津冀雾霾治理联防联控应该采用哪些措施最为有效等。

（7）立体化的环境治理：目前，环境治理主要依赖于政府进行，未来环境治理的发展方向则是以政府治理为主，公众、企业等广泛参与的立体化的环境治理。基于大数据的思想可以更好地实现这一目标，从而提高环境治理的效率。大数据除了提供给公众丰富的环境信息，还可以让公众成为大数据收集与监督中的一员，如通过手机 App 和数据中心相连，当居民发现有破坏环境的行为时可以在第一时间进行举报；居民自身向绿色环保行为方式的转变也可以通过数据让他们看到其对环境改善做出的贡献。企业则可利用大数据，监测、分析和控制自身的污染排放，采取相关环保措施满足相应的排放要求，同时可将企业的排放数据提交给政府部门，为政府的环境治理和政策制定提供支撑。

随着大数据时代的到来，人们的需求逐渐从数据存储、数据处理过渡到数据应用和数据运维服务。与此同时，传统的环保行业对于数据的处理模式已然不适应新一代数据中心的发展需要，而大数据技术也正逐渐成熟，一旦完成数据的整合和监管，大数据爆发的时代即将到来。现在要做的就是选好方向，为迎接大数据的到来提前做好准备。

6.6　本章小结

近年来，随着互联网的发展与普及，大数据迅速发展，越来越多的人认识到了大数据的作用和价值，大数据时代曙光初现，并悄然地改变着我们的生活，将对经济、社会、文化、政治等各方面产生深刻影响。新的历史时期，国内外科技界相继提出了"第六次科技革命""科学研究第四范式"等关于科技革命和科技创新的新理论、新思想。在大数据、"互联网+"等新理念的推动下，人类正步入第六次科技革命的前夜，曙光初现、黎明在即。第六次科技革命将以更新的理论、更新的技术、学科的交叉、领域的交叉为主体，在此驱动下，人类科技将迎来新一轮革命，必将带来人类生活方式、生产方式、思维方式、科研方式等一系列新变革，并将带动新一轮产业革命，极大推动全球的经济发展和文明进步。

当然，互联网与大数据的发展在带来巨大机遇的同时，也带来了巨大的挑战，如何建设好、应用好、管理好、发展好互联网与大数据，保证其安全，对广大的技术人员与管理人员、应用领域与各级政府提出了新课题、新要求、新挑战。总体说来，大数据目前还是一个新概念、新事物，还有待进一步发展，与各行各业的结合还有待深入，处理速度还有待加强。如何聚集使之更"大"、如何加工使之更"快"、如何应用使之更"值"，都有待在今后的研究与发展中不断探讨和摸索，这需要互联网界和大数据界的共同努力，把握行业现状、发现潜在问题、谋划未来发展，以促成互联网和大数据这两大新兴领域的更好融合，推动二者的共同繁荣。

参 考 文 献

[1]　[英]舍恩伯格，等. 大数据时代. 杭州：浙江人民出版社，2013.

[2]　[德]布劳卿，等．大数据变革．北京：机械工业出版社，2014．

[3]　[美]芬雷布．大数据云图：如何在大数据时代寻找下一个大机遇．杭州：浙江人民出版社，2014．

[4]　中国计算机学会．CCF 大数据白皮书，2013 年 12 月．

[5]　中国互联网络信息中心．第 33 次中国互联网络发展状况统计报告，2014 年 1 月．

[6]　王胜开，王伟．科研信息化技术支撑条件发展研究．中国教育网络，2014 年 1 月．

[7]　徐继华，冯启娜，陈贞汝．智慧政府：大数据治国时代的来临[J]．中国科技信息，2014（Z1）:108.

[8]　佚名．《互联网时代的环境大数据》图书简介[J]．环境保护，2015（19）:69.

[9]　李娜，田英杰，石勇．论大数据在环境治理领域的运用[J]．环境保护，2015，43（19）:30-33.

[10]　陈刚，蓝艳．大数据时代环境保护的国际经验及启示[J]．环境保护，2015，43（19）:34-37.

[11]　魏斌．推进环境保护大数据应用和发展的建议[J]．环境保护，2015，43（19）:20-24.

[12]　http://blog.sina.com.cn/s/blog_663d9a1f0102vkcz.html.

[13]　张东霞，苗新，刘丽平，等．智能电网大数据技术发展研究[J]．中国电机工程学报，2015（1）:2-12.

第7章

基于场景感知的大数据信息处理应用

7.0 引　　言

基于场景感知的大数据信息处理应用主要是依赖各种传感器，如摄像头、麦克风、温度传感器、压力传感器等传感设备，实时、不间断地获取场景中的各种环境数据，对于一个成规模的系统，这些传感设备产生的数据量是相当大的，而且也有非结构化的特征；这些数据通过互联网或者物联网进行传输，通过分布式计算或者集中计算，确定场景的相关信息，并根据计算出来的场景信息，做出决策，然后发布警告、调节环境或者实施其他操作。

大数据技术的应用主要来源于三个驱动：场景、技术和服务。没有场景就没有大数据的应用和落地，没有技术就没办法实现大数据的处理与分析，而服务是大数据技术应用的目标。因此，基于场景感知和分析的大数据信息处理将会是大数据技术非常重要的一个应用方面。而近些年来人工智能和虚拟现实等技术的出现，也为很多场景化的大数据应用与创新带来可能。人工智能，包括机器学习、深度学习及机器人技术，用计算机模拟人类思考，以及学习人类的知识，为基于场景分析的大数据应用提供了可能。虚拟现实技术将大大拓展我们的知识范围及场景范围。

本章将主要介绍基于场景感知的大数据信息处理应用的基本原理与概念，及其主要的应用形式与案例，包括无人驾驶、可穿戴设备、智慧城市等。

7.1 无人驾驶汽车操控系统

2013 年 1 月 29 日，住房和城乡建设部公布了首批 90 个国家智慧城市试点名单，试点城市的公布标志着我国智慧城市发展进入规模推广阶段。从 20 世纪 70 年代起，美国、英国、德国等国家就开始进行无人驾驶汽车的研究，近年来的智能交通、智能医疗、智慧农业等基于场景感知的大数据信息处理应用也被工业界和学术界推上了历史舞台。

无人驾驶汽车，又称为自动驾驶汽车、电脑驾驶汽车或轮式移动机器人，是自动化载具的一种，具有传统汽车的运输能力。作为自动化载具，自动驾驶汽车不需要人为操作即能感测周边环境并完成导航。

7.1.1 无人驾驶汽车简介

无人驾驶汽车是通过车载传感系统感知道路环境等车辆周围的环境，并根据感知所获得的道路、车辆位置和障碍物信息，控制车辆的转向和速度，从而使车辆能够安全、可靠地在道路上行驶。无人驾驶汽车集自动控制、体系结构、人工智能、视觉计算等技术于一体，是计算机科学、模式识别和智能控制等技术高度发展的产物。

从 20 世纪 70 年代起，美国、英国、德国等国家就开始进行无人驾驶汽车的研究，在可行性和实用化方面都取得了突破性的进展。我国从 20 世纪 80 年代开始进行无人驾驶汽车的研究，国防科技大学在 1992 年成功研制出中国第一辆真正意义上的无人驾驶汽车，在 2005 年首辆城市无人驾驶汽车在上海交通大学研制成功。无人驾驶汽车研发的历史上经历的几件主要大事如表 7.1 所示。

表 7.1 无人驾驶汽车研发的历史进程

时 间	机 构	事 迹
1970 年	克莱斯勒	其 Imperial 首先配备防抱死刹车系统
1997 年	丰田	部分丰田车配备基于雷达的自适应巡航控制系统
2002 年	丰田	推出 NightView（夜视）系统
2003 年	梅赛德斯奔驰	推出 Pre-Safe 主动安全系统，预测迫在眉睫的撞击
2004 年	英菲尼迪	推出"离开车道"警示系统，在车辆驶离车道时提醒
2005 年	沃尔沃	推出盲点警report系统，当有车进入驾驶人盲点时警报
2006 年	雷克萨斯	推出相机-声呐辅助的平行泊车系统
2007 年	卡内基梅隆大学	Tartan 车队赢得美国国防部的自动汽车比赛大奖
2008 年	梅赛德斯奔驰	引进 AttentionAssit，在驾驶人疲劳时发出警告
2009 年	沃尔沃	推出行人监测系统。
2010 年	奥迪	无人驾驶自动汽车 TTS 行驶 12.42 km
2010 年	Google	7 辆 Google 无人驾驶汽车开始在加州道路上试行
2010 年	梅赛德斯奔驰	F800Style 概念车推出一款低速适应巡航控制系统
2011 年	中国国防科技大学	无人驾驶汽车行驶 286 km，从长沙开至武汉

图 7.1 给出了国内外无人驾驶领域发生的若干标志性事件。

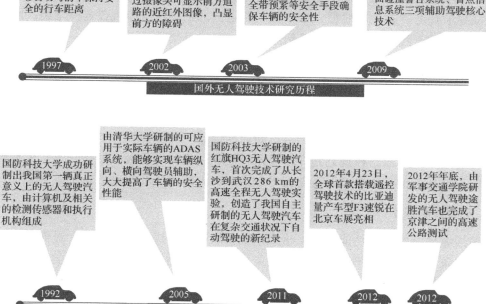

图 7.1　国内外无人驾驶技术研究历程

　　目前，无人驾驶汽车的研究领域可以归纳为三个方面：高速公路环境、城市环境和特殊环境下的无人驾驶系统。总体来说，无人驾驶技术是传感器、计算机、人工智能、通信、导航定位、模式识别、机器视觉、智能控制等多门前沿学科的综合体。按照无人驾驶汽车的职能模块，无人驾驶汽车的关键技术包括场景感知、导航定位、路径规划、决策控制等。

1. 场景感知技术

　　通过环境感知模块来辨别自身周围的环境信息，为其行为决策提供信息支持，包括对汽车自身位姿感知和周围环境的感知。其中汽车自身位姿信息主要包括车辆自身的速度、加速度、倾角、位置等信息；周围环境感知以雷达等主动型测距传感器为主，被动型测距传感器为辅，采用信息融合的方法实现。

2．导航定位技术

用于确定无人驾驶汽车自身的地理位置，可分为自主导航和网络导航两种。自主导航技术是指除了定位辅助之外，不需要外界其他的协助，利用本地存储的地理空间数据即可独立完成导航任务，自主导航技术可分为相对定位、绝对定位和组合定位三类。网络导航能随时随地通过无线通信网络、交通信息中心进行信息交互。

3．路径规划技术

路径规划的任务就是在具有障碍物的环境中按照一定的评价标准，寻找一条从起始状态包括位置和姿态到达目标状态的无碰路径，可分为全局路径规划和局部路径规划。全局路径规划是在已知地图的情况下，利用已知局部信息，如障碍物位置和道路边界，确定可行和最优的路径。局部路径规划是在全局路径规划生成的可行驶区域指导下，依据传感器感知到的局部环境信息来决策无人驾驶平台当前前方路段所要行驶的轨迹。

4．决策控制技术

决策控制模块的主要功能是依据感知系统获取的信息进行决策判断，进而对下一步的行为做出决策，然后对车辆进行控制。决策技术主要包括模糊推理、强化学习、神经网络和贝叶斯网络等技术。

7.1.2　无人驾驶汽车操控平台

Google 无人驾驶汽车（Google Driverless Car）是 Google 公司的 Google X 实验室研发的全自动驾驶汽车，目前正在测试中，如图 7.2 所示。下面以谷歌无人驾驶汽车为例来分析无人驾驶汽车操控平台用到的主要设备和技术，主要包括激光测距仪、前后保险杠雷达、GPS 定位技术、超声传感器等[4]。

图 7.2　Google 无人驾驶汽车

1．激光测距仪

Google 无人驾驶汽车的一个突出特点就是其车顶上方的旋转式激光测距仪，该测距仪能发出 64 道激光光束，帮助汽车识别道路上潜在的危险。该激光的强度比较高，能计算出 200 m 范围内物体的距离，并借此创建环境模型。

2．前置相机

车头上安装的相机可以更好地帮助汽车识别眼前的物体，包括行人、其他车辆等。该相机还负责记录行驶过程中的道路状况和交通信号标志，然后用车载软件对这些信息进行分析。

3．前后保险杠雷达

Google 无人驾驶汽车的前后保险杠上面一共安装了 4 个雷达，这是自适应巡航控制系统的一部分，可以保证 Google 无人驾驶汽车在道路行驶时处在安全的跟车距离。按照 Google 的设计，其无人驾驶汽车需要和前车保持 2～4 s 的安全反应时间，具体需根据车速变化设置，以最大限度地保证乘客的安全。

4．GPS 定位技术

充分利用 GPS 技术定位自己的位置，然后利用 Google 地图实现最优化的路径规划。但是由于天气等因素的影响，GPS 的精度一般在几米的量级上，并不能达到足够的精准。为了实现定位的准确，需要将定位数据和前面收集到的实时数据进行综合，车子不断前进，车内的实时地图也会根据新的情况不断进行更新，从而显示更加精确的地图。

5．超声传感器

后轮上的超声传感器有利于汽车保持一定车道上运行，不至于跑偏。同时在遇到需要倒车的情况时，这些超声传感器还能快速测算后方物体或墙体的距离，还能帮助汽车停靠在狭窄的车位中。

6．车内陀螺仪等传感器

在车内还装备一些高精度的设备，如高度计、陀螺仪和视距仪，可以帮助汽车精确测量汽车的各种位置数据，这些高精度的数据为汽车的安全运行提供了保证。

7．传感器数据的协同整合

所有传感器收集到的数据都会在汽车的 CPU 上进行计算和整合，从而让自动驾驶软件带来更安全舒适的用户体验。

8. 对交通标志和信号的解析

Google 无人驾驶汽车能够识别基本的交通标志和信号，比如说前车的转向灯开启时，Google 汽车可以相应地做出反应；还有各种的限速、单行道、双行道和人行道标示等。

9. 路径规划

在 Google 无人驾驶汽车前往目的地之前，需要对路径进行规划。和我们使用手机地图 App 画出路线图不同，Google 的系统能够建立起所选路径的 3D 模型，里面包含了交通标志、限速和实时交通状况等信息；而且随着汽车的行驶，车载软件还可以按照捕捉到的信息不断地对地图进行更新。

10. 适应实际道路行为

众所周知，实际上的道路交通状况和交通法规还是略有不同的，有时候会出现闯红灯的人，甚至还能看到在道路上逆行的汽车，所以对实时状况的把握也格外重要。Google 无人驾驶汽车就具有这种能力，从而能在复杂的路况环境中安全行驶。

总体来说，无人驾驶汽车有着稳定、安全、方便、舒适等优点；但必须指出，目前的无人驾驶汽车还有若干问题亟待解决，例如法律需要进一步放开对无人驾驶汽车的限制，无人驾驶汽车需要配备更好的软硬件来提供更好的安全保障。

7.2 医疗数据分析系统

医疗行业早就遇到了海量数据和非结构化数据的挑战，近年来很多国家都在积极推进医疗信息化建设，这使很多医疗机构有资金来进行大数据分析。医疗行业将和银行、电信、保险等行业一起迈入大数据时代。

7.2.1 医疗数据分析系统简介

随着区域医疗信息化的发展及医疗物联网的应用，每天都将产生大量的数据信息，如检验结果、费用数据、影像数据、感应数据、基因数据等，还包括大量在线或实时数据分析处理的需求。如何管理和利用这些海量医疗数据并创造经济和社会价值，是医疗行业面临的挑战。

医疗健康机构采用大数据可以有效地帮助医生进行更准确的临床诊断，更精确地预测治疗方案的成本与疗效，整合病人基因信息进行个性化治疗，分析人口健康数据来预测疾病暴发等。利用大数据技术还可有效减少医疗成本，麦肯锡全球研究院预计使用大数据分析技术将每年为美国节省 3000 亿美元的开支。目前，大数据在医疗领域的应用主要包含临床决策支持、个性化医疗、流行病监测与预报、远程患者的数据分析等几个方面。

1．临床决策支持

临床决策支持系统可以降低医疗费用，保证诊疗工作的准确高效，将大数据分析技术用于临床决策支持系统可以使该系统更加智能化。例如，挖掘医疗文献数据库可以给医师提出更合理的诊疗建议，提醒医师防止药物不良反应等潜在的错误；也可以使用图像分析和识别技术，识别医疗影像数据，提高诊疗的质量。这主要得益于大数据分析技术对非结构化数据的强大分析能力。

2．个性化医疗

通过对患者生理方面的大型数据集，如基因组数据，全面分析患者特征数据和疗效数据，包括考察患者基因排序、对特定疾病的易感性和对药物的特殊反应关系，在治疗过程中针对患者的特殊性进行有针对性的治疗。乔布斯在发现患癌症后花费巨资对自身所有 DNA 和肿瘤 DNA 进行排序，得到了包括整个基因密码的数据文档，医师针对他的特定基因组成按需用药，并通过大数据技术开发个性化药物，使得乔布斯的生命又延续了 8 年多的时间。

3．流行病监测与预报

大数据技术也可以用于流行病监测与预报。中国疾病预防控制中心建设的国家传染病与突发公共卫生事件网络直报系统，每年有 600 多万的个案信息由全国各地上报并存储，然后通过大数据技术对这些海量数据进行全面的疫情监测和分析，并通过集成疾病监测和响应程序，预测传播途径和时间，以便采取有力的措施降低流行病的感染率。此外，谷歌公司把美国人最频繁使用的检索词条，与美国疾控中心的流感传播时期的数据进行比较，以此可以辨别出人们是否感染了流感。人们使用特定的检索词条，如"治疗咳嗽和发热的药物"是为了在网络上得到关于治疗流感的信息，这样通过特定检索词条的使用频率与流感传播的时间、空间上建立联系，能够监测流感传播的路径，而且判断非常及时，比美国疾控中心的数据早一周以上的时间。

下面主要对具有个性化医疗特征的可穿戴健康数据监控平台，以及流行疾病传播数据监控平台进行阐述。

7.2.2 可穿戴健康数据监控平台

可穿戴设备是指能直接穿在人身上或能被整合进衣服、佩件，并记录人体数据的移动智能设备，如 Google 眼镜、智能手表等。如今，在医疗行业业，可穿戴设备也正在重塑人类生活，随时随地、实时监控人们各项生命体征，包括心率、血糖、血压、睡眠、体温、情绪等，展现出了巨大的市场潜力。

可穿戴设备成为热门话题，始于 2012 年 4 月谷歌公司宣布其 Google Project Glass 的未来眼镜研发项目。这款眼镜集智能手机、GPS、相机功能于一体，使用者只要眨眨眼，就能完成拍照上传、收发短信、查询天气和路况等操作。一石激起千层浪，苹果、三星等 IT 巨头也都纷纷抢滩可穿戴设备市场。如今，苹果推出了 iWatch；索尼推出了 SmartWatch 的第二代产品；三星则推出了 GalaxyGear。

下面以苹果公司的智能手表为例对可穿戴健康数据监控平台进行介绍。iWatch 除了时尚，还主打运动与健康，它可以跟测佩戴者一天的日常锻炼，记录运动量，鼓励佩戴者养成健康的习惯。iWatch 内置多种类型传感器，针对心率测量、卡路里消耗、睡眠监测等体征指标进行健康管理，成为人体的体检中心，并可与 iPhone、iPad 实时同步，具有以下功能。

1．心率检测

iWatch 的心率感应器采用光体积描记法，这项技术看似复杂，实际上原理很简单：血液之所以呈现红色，是因为它反射红光并吸收绿光。iWatch 使用绿色 LED 灯，配合对光敏感的感光器，可检测任意时间点流经手腕的血液流量。在心脏跳动时，流经手腕的血液会增加，吸收的绿光也会增加，心跳间隔期间则会减少。通过每秒数百次闪动的 LED 灯，iWatch 可以算出心率[6]，如图 7.3 所示。

2．运动与卡路里消耗记录

iWatch 可以实时记录佩戴者的步数、站立时间及各种运动记录，如室外单车、室外跑步等，然后利用运动量和心率等信息计算出消耗的卡路里。

3．饮食健康与计划

利用安装的 App，如 Lifesum、卡卡健康、MyFitnessPal 等，可以记录佩戴者的饮食，计算摄入的卡路里，并为佩戴者探索健康的饮食计划。此外，WaterMinder 这款 App 还可以记录饮水量，以帮助佩戴者达到水摄入的目标。

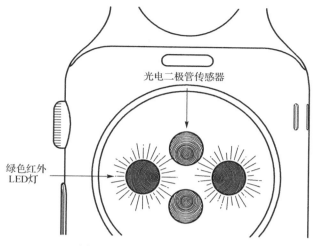

图 7.3　iWatch 心率测量原理

4. 睡眠监测

同样利用其 App Store 里的 App，如 Pillow 等，可以对佩戴者的睡眠质量进行监测，帮助佩戴者养成良好的睡眠习惯等。

5. 运动健康数据存储

利用与 iWatch 配对的 iPhone 或 iPad 里的健康 App，可以将 iWatch 和其他智能设备的数据保存下来，如心率、燃烧的卡路里、血糖、胆固醇等，并且可以上传至云端，方便个人查看，以及在就医时提供给医生。

当然，必须指出目前 iWatch 可检测健康指标还是比较少的，健康监测功能也只实现了心率检测，因此，在未来 iWatch 还有很长的路需要走，还有很大的改进空间。

7.2.3　流行疾病传播数据监控平台

当今，全球新传染病不断出现，对人类健康和生命安全造成了严重的危害。我国也是世界上传染病发病最多的国家之一，当我们听到埃博拉（Ebola）、H5N1、SARS 等熟悉的字眼时，都会感到几分恐慌与不安。大规模存在的流行病，严重威胁着全人类的健康和生存，因此，对传染病的监测与防治是十分重要的。

毕业于耶鲁大学的 John Brownstein 博士与他的团队研发了流行病监测预警系统 HealthMap，在 H1N1、Ebola 等主要流行病暴发时间上，都比世界卫生组织（WHO）发布的时间要早。该系统可理解为全球疾病分布图，它能抓取网络的公开信息，如 Google

在线新闻、专家言论、目击者报告、官方报道和 Twitter、Facebook 等社交媒体的海量数据，经算法分析整合大数据后，形成直观的可视化信息。正如 Brownstein 博士所说："我们发现人们会在社交媒体上谈论自己的家庭生活、日常见闻、社区疾病等话题，如果将这些零散琐碎的信息组织并分类，就能提前洞察到重要的、群体范围的疾病迹象；而散落的信息也能帮助我们发现威胁人们健康的疾病源头。"

例如，当我们看到朋友圈中有人在凌晨 3 点点赞，可能立即联想到这位好友是否昨日无眠？又为什么会通宵熬夜呢？基于此，Brownstein 博士收集相关信息的内容、发送时间和频率，结合人口统计信息，可以确定哪些用户可能正遭受失眠折磨，同时寻找引发失眠的原因。

HealthMap 系统 API 与美国白宫等政府部门对接，并建立了双向信息传输通道，其研发成果能直接应用于美国疾病预防控制中心、世界卫生组织、国防部、美国健康与公共事业部、美国国土安全部，国立图书馆等机构，甚至欧盟成员国也开始采用 HealthMap 系统。

HealthMap 系统全年无休地对 5 万个信息源数据进行 24 小时持续性收集和动态分析，搜集的大数据要先后经过不同语言的翻译、智能机器学习、人工校正筛查、数据分析解读等关键处理，最终可视化地展示结果。图 7.4 所示为 HealthMap 系统进行信息收集和处理的流程。

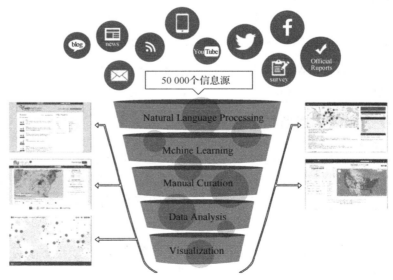

图 7.4　HealthMap 系统进行信息收集和处理的流程

　　Brownstein 开发的这套 HealthMap 系统，除了预测流感疫情，还包括警报登革热暴发、预警人畜共患的新发传染病、实时监控药物安全、查询附近疫苗接种站、提供世界疫症情报，以及监测持续性体温等多种项目。图 7.5 所示为一周（2016 年 10 月 2 日～9日）HealthMap 系统监测到的全球传染性疾病的分布图。

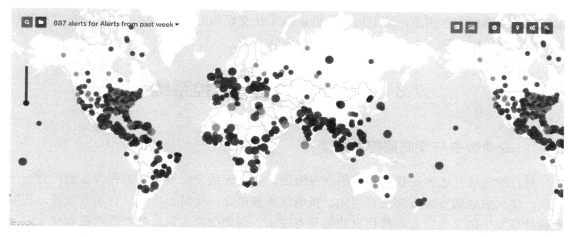

图 7.5　2016 年 10 月 2 日～9 日 HealthMap 系统监测到的传染性疾病的分布图

　　此外，HealthMap 的官网还可以提供某种传染性疾病在不同国家过去一年的预警次数的时间序列。如图 7.6 所示为 2015 年 9 月至 2016 年 9 月甲型 H1N1 流感监测走势曲线图，从图中可以发现，在这段时间内，甲型 H1N1 流感在巴西和巴基斯坦两国有明显"肆虐"的痕迹，而在其他国家则出现得较少。

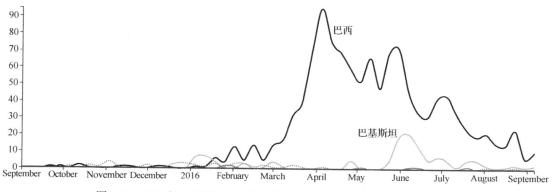

图 7.6　2015 年 9 月至 2016 年 9 月甲型 H1N1 流感监测走势曲线图

　　但是受制于信息来源，计算机预测技术不可能每次都很准确，需要和公共卫生部门合作，在相关部门做了疾病调查后，来验证预测的准确率。Brownstein 坦言："至于准确率，目前还是一个挑战。"在数据预测史上，Google 在 2013 年严重高估了美国流感高峰水平，这无疑是一场尴尬。对此，Brownstein 表示：基于网络的数据挖掘算法与模型还需要不断调整，每年都要更新。

虽然大数据预测跟人们开过不少玩笑，但我们相信这不过是小挫折，是富有前景的技术在发展中遇到的小困难，这也提醒人们，基于社交媒体的流感跟踪技术，现在只能和传统流行病学监测网络互为补充，而无法完全取代。

7.3 农业装备与设施监控系统

7.3.1 农业装备与设施监控系统简介

科技的发展开始惠及我们生活的方方面面，其中包括一个最为原始和久远的产业——农业。现代农业的发展方向是数字化、精确化和智能化，实时、定量、自动获取并远程监测各种环境下的农业信息是现代农业的基本要求。现如今，大数据和物联网在农业上的应用场景包括食品安全追溯系统、农业信息推送、智能化培育控制、田间灾情监测、苗情实时监控、田间设施监控等。下面我们将重点介绍农业装备田间位置监控系统和物联网农业设施监控系统。

7.3.2 农业装备田间位置监控系统平台

在农业生产中，通常需要远程监控各种农业装备的位置和状态，以实现对整个田间所有装备的集中管理，这也是实现智慧农业的重要基础。为此，可以通过各种传感器采集信息、及时发现问题，并且准确地确定发生问题的位置，这就是农业装备田间位置监控系统平台。

西北农业科技大学提出了一种基于全球定位系统（Global Positioning System，GPS）和地理信息系统（Geographic Information System，GIS）的农业装备田间位置监控系统，它将交通系统管理中成熟的智能交通系统（Intelligent Transportation Systems，ITS）技术引入智能化农业机械中，来实现对田间车辆和其他农业装备的实时监控和导航，并以旱作农业机械为例，建立了动态田间农业机械装备数据库和查询系统，将地图编辑和动态监控相结合，实现了田间车辆和其他农业装备在电子地图上的实时显示、监控、信息处理和管理。

该系统通过 GPS 接收机接收由卫星发出的数据，经调制解调器和电台传送到监控中心后经调制解调器送到中心服务器，由中心服务器和 GIS 监控系统进行数据的各种处理，再将相应的信息发送至田间车辆和其他农业装备。系统原理框图如图 7.7 所示。

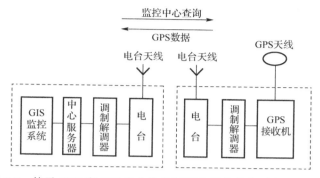

图 7.7　基于 GPS 和 GIS 农业装备田间位置的监控系统原理框图

　　GPS 定位技术用于农田的精确定位及农业机械的精确导航，该系统采用 AgGPS132 接收机，结合 Pocket PC 进行试验田的矢量地图的生成，利用 GPS 接收机进行田间的定位。

　　GIS 技术用于建立、存储、分析、处理各种农田土地数据和地理空间信息，该系统采用 MapInfo 软件和 MapX 控件，主要用于各种数据格式的转换、地图的数字化，以及将地图功能嵌入到可视化编程语言中，进行相关 GIS 功能的设计。

　　基于 GPS 和 GIS 的田间农业机械装备监控系统软件平台（即图 7.7 中的 GIS 监控系统）由三个子系统组成：地图管理子系统、串口通信子系统、网络通信子系统，系统组成如图 7.8 所示。

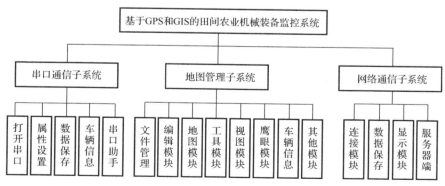

图 7.8　基于 GPS 和 GIS 的田间农业机械装备监控系统组成

地图管理子系统的软件包括常用的地图处理和编辑功能，通过工具栏中的按钮或菜单中的选项可方便地对地图进行各种处理和操作，如图层的各种操作、地图工具类操作、创建专题图等功能。

串口通信子系统接收传送的数据，由串口或网络读入，将数据送入缓存区后由 Visual Basic 6.0+MapX4.5 编写的程序进行处理；处理结束后，向移动端下达调度命令，并实现在移动端显示信息。移动端回传特定信息，报告移动端状态。这样就可以实时给出某个田间农业机械装备移动端的具体位置，并能够在电子地图中予以显示。

该团队开发出的精细农业和田间实时导航监控相结合的地理信息管理系统，可以实现田间车辆多目标监控；同时建立了农业机械装备数据库和查询系统，可方便地进行 100 多种农业机械装备数据的查询、添加、删除、保存等操作。该系统具有很大的灵活性和发展空间，通过对农业装备进行实时监控，可为智能化农业装备实现变量作业（如变量施水、施肥、播种等）提供技术支持和研究平台，可有效解决农机作业过程中暴露出来的信息滞后、时效性差及缺乏有效的农机调度手段等问题。

7.3.3 物联网农业设施监控系统

如前所述，在现代农业中，实时、定量、自动获取并远程监测各种环境下的农业信息是十分有必要的和重要的。由于农业监测目标具有分散性、多样性、环境偏僻等特点，而无线传感器网络（Wireless Sensor Network，WSN）是一种低成本、低功耗的近距离无线通信网络系统，非常适合局部范围内目标的自动监测。与此同时，随着近些年来物联网（the Internet of Things，IoT）的兴起，通过引入传感器和通信机制，来建立一个具有全面感知、可靠传送及智能处理等特征的连接物理世界的网络，可实现任何时间、任何地点及任何物体的连接，从而实现对农业设施的远程监控。

安徽农业大学基于无线传感器网络、GPRS 远程通信和 Java 等理论与技术，设计了一款农业信息远程监测和服务系统，实现了远程、多目标、多参数的农业信息实时采集、显示、存储、查询和统计等功能。

农业信息远程监测和服务系统主要由无线传感器网络和中心站点两大部分组成，其中无线传感器网络主要负责数据的采集，中心站点通过软件来实现对数据的处理和结果的显示。系统的框架如图 7.9 所示。

无线传感器网络负责数据采集，可以分为若干不同的远程站点，如温室、果园、养殖场、大田等；每个远程站点由多个传感器节点和一个汇聚节点组成，每个传感器节点可同时监测多个参数，包括温度、湿度、露点、光照度等，模拟式和数字式传感器均可；每个远程站点的汇聚节点通过 GPRS 模块实现远程数据传输，并与 Internet 连接。图 7.10 所示为无线传感器网络中传感器节点和汇聚节点的原理框图。

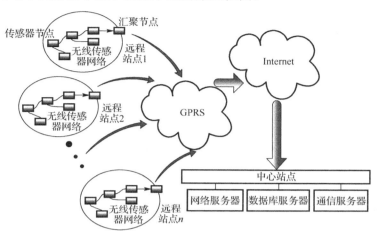

图 7.9　农业信息远程监测和服务系统的框架

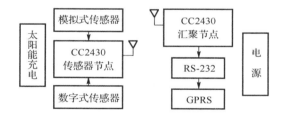

图 7.10　无线传感器网络中传感器节点和汇聚节点的原理框图

中心站点的软件采用 C/S、B/S 两种体系架构，完成对无线传感器网络中发来数据的加工处理，主要功能如下。

（1）信息获取：通过网络通信方式接收、解析各站点的传感器数据。

（2）数据存储：自动保存至数据库，并定期备份。

（3）实时显示：以数据详情的形式在相应传感器数据面板上显示当前值、数据单位、采集时间、报警上限、报警下限和状态信息；以动态曲线形式显示各远程站点的传感器数据，可以设置数据轴范围等图形属性，并提供图形放大、复制、另存为、打印等功能。

（4）报警提示：对缺测异常、设备异常、电源异常或通信异常等情况进行报警。

（5）记录统计：查询统计任意远程站点、任意时段、任意传感器的数据记录，计算样本点数、最大值、最小值、平均值等，并生成统计报表。

（6）历史查询：可查询任意远程站点、任意时段、任意传感器的数据记录。

（7）系统配置：根据具体的远程站点和传感器等信息，对软件进行配置，以适应不同的应用环境。

（8）网络服务：提供针对不同用户需求的网站管理系统，方便使用。

总体来说，该系统性能稳定，通用性和扩展性强，在数字农业、农作物防灾减灾等领域具有较好的应用前景。

7.4 智慧城市

7.4.1 智慧城市简介

近些年来，智慧地球（Smart Planet）试图通过传感器、通信网络、物联网、云计算等技术来连接人与人、人与物、物与物，构建全新的"智慧"社会管理模型，其中智慧城市是其典型应用之一，也是智慧地球最重要、最综合的应用。

许多国家都或多或少地存在一些城市患有"大城市病"，如人口众多、交通拥挤、人与自然矛盾冲突等。引入智慧城市，政府可以在行使经济调节、市场监督、社会管理和公共服务的职能时，充分利用物联网和互联网等信息通信技术，智能地感知、分析和集成城市所辖的环境、资源、基础设施、公共安全、城市服务、公益事业、公民、企业和其他社会组织的运行状况，以及它们对政府职能的需求。

在智慧城市模型下，城市由六大核心系统组成，如表 7.2 所示，概括起来可以分为社会网络和基础设施两个大类，同时每个核心系统又有具体的子系统。城市是六大核心系统相互协作而组成的宏观系统，城市参与者（政府、企业、组织和个人）的活动体现为在城市宏观系统中，基于城市基础设施获取环境资源并从事各种社会活动。智慧城市要求每个核心系统都达到智慧运行的程度。

表 7.2 智慧城市模型下的城市六大核心系统

系　　统	系　统　组　成	系　统　归　类	
人的社会网络	公共安全、教育、医疗等	组织系统	社会网络
政府商业管制	商业规章、经济计划、管制立法等	业务系统	
运输	城市路网、公共交通等	人类活动	基础设施
通信	有线电话、宽带、无线网络、有线电视等		
水资源	水供应、污水处理、水循环等	资源环境	
能源	能源生产、能源运输、废弃物处理		

智慧城市具有以下四点显著特征。

（1）基于透彻感知的物联化。透彻感知，一方面是指智慧城市物联网的感知手段超越了一般性的传感装置，包括任何可以随时随地感知、测量、捕获和传递信息的设备或系统；另一方面是指，感知的对象更加丰富，包括从人的血压到公司财务数据等的生理和社会活动。物联化是指城市公共设施物联成网，实现"无所不在的连接"，以实现对城市核心系统实时感测。

（2）更全面的互连互通。物联网信息通过各种形式的高速和高带宽的通信网络工具进行连接融合，将数据整合成城市核心系统的运行全图，城市管理者和参与者可以对城市的自然环境和运行情况进行实时监控，从全局的角度分析并解决问题。

（3）全面升级的智能化。近些年，超级计算领域逐渐火热起来，再加上先进的云计算和数据挖掘等处理技术，可以实现对跨部门、跨行业、跨地域的海量数据的整合和分析，并应用到特定场景，为城市管理提供决策支持和解决方案。

（4）系统运作和激励创新。智慧城市的引入可以改变政府、企业、个人、社会组织和城市系统之间的关系与角色，从过去单一的管理-被管理、计划-执行转变为先进、多维和新型的协作关系，角色和关系的演变也可以使城市运作在最佳状态。同时，智慧城市将激励政府、企业和个人在智慧基础设施之上进行科技和业务的创新应用，为城市提供源源不断的发展动力。

正是基于以上四点特征，智慧城市可以提供更多智能的功能，来简化行政办公、政府执法、基础设施建设与维护等，如数字城管、智能交通、电子政务、平安城市等，表 7.3 列出了更多智能城市下的业务功能。

表 7.3　智慧城市的业务功能举例

业务功能	举例
数字城管	将城区划成若干小的管理单元，应用物联网技术可以对诸如流动摊贩、破坏市容等行为进行实时监控和精确管理
平安城市	利用分布广泛的监控系统和社交网络，为罪犯侦查提供更加丰富的信息和分析支持，实现公安系统各级别监控连网
电子政务	把一系列行政事务进行整合和优化，建立各个政府部门之间的业务与数据共享；建立电子政务大厅，简化办事流程
智能交通	整合城市的公交车系统、出租车系统、地铁系统、高速公路监控系统、电子收费系统等城市交通系统，提供实时信息服务，对流量进行准确预测和判断，具备突发事件自动应急方案
智慧医疗	建立全城乃至全国的电子病历系统，实现医疗机构之间的信息对接和资源整合，实现社区医院、专科医院和大医院之间的分工协作问题
智慧食品	建立农副产品和其他食品的追踪系统，对食品生产、加工、运输、销售等各个环节进行全程监控
水资源管理	对城市各种用水和自然水环境进行实时监控，包括水量和质量；协调不同区域之间的用水冲突问题；实现更加节约和可二次利用的灌溉等系统；加强对水资源污染等突发事件的应急响应

这些功能对于改变目前我国乃至世界上其他国家"粗放式""外延式"的城市化模式有着重要的历史意义，因为当前城市化模式是以巨额基础设施投入、大量拆迁更新建筑、耗用大量土地、滥用不可再生自然资源、能源密集消费以及破坏生存环境为代价的。而智慧城市系统，从整体规划、系统综合运行到具体智慧服务，以整合、节约资源和创造宜居生活为宗旨，将成为城市化模式转型的重要平台。

与此同时，智慧城市可以帮助政府不断提升其建设水平和提供公共服务的能力，一方面，依靠强大的物联网和互联网，政府可以对城市各种事项做出及时响应，同时有利于整合各部门之间的资源，提高行政效率；另一方面，智慧城市也能促使政府转型，向更进一步的服务型政府转变，提供更加人性化的服务。

7.4.2　创新 2.0 语境下的智慧城市

城镇化进程给城市规划、建设、运行和发展带来一系列问题，虽然数字城市在利用现代信息技术解决城市建设和管理中的各类问题、支撑城市科学发展方面发挥了举足轻重的作用，但仍然存在许多瓶颈。伴随着创新 2.0 概念的兴起，数字城市的发展与演进迎来了新的机遇和挑战，充分利用以物联网、云计算为代表的新一代信息技术，将为破解城市发展与社会管理难题开辟新路径、提供新视野。

在创新 2.0 的驱动下，智慧城市可以建立一个依赖于新一代信息通信技术的城市管理系统，即智慧城管。智慧城管在技术上要求通过移动技术、物联网、云计算等新一代信息通信技术，以及维基、社交媒体等工具和方法的应用，实现全面智能的感知、宽带泛在的互联、智能融合的应用、以人为本的可持续创新，突出城市管理向智能化、人本化服务转型。

目前，北京市城市管理部门借鉴国内外智慧城市建设的先进经验，以城管物联网平台建设为载体，积极探索物联网、云计算、移动互联网等新一代信息通信技术的应用，并积极打造面向知识社会的创新 2.0 模式，推动从数字城管向智慧城管的跨越。

图 7.11 所示为基于物联网的智慧城管建设的总体架构，从下往上依次可以分为感知层、传输层、支撑层、应用层，同时建设安全保障体系、标准规范体系作为支撑。

感知层主要通过无线射频、卫星定位、视频监控、噪声监测、执法城管通、市民城管通等多元传感设备，实现身份识别、位置感知、图像感知、状态感知等多方面感知，全面增强城市管理的感知能力。

传输层依托全市共建的有线、无线宽带等网络，实现城市管理对象与机构、人员及广大市民之间的泛在互联，实现信息的有效分配与利用，减少部门间的壁垒。

支撑层将保障城管物联网平台所需要的 IT 基础设施，构建北京城管云，提供各类数据和业务的存储、运算、分析与服务功能。

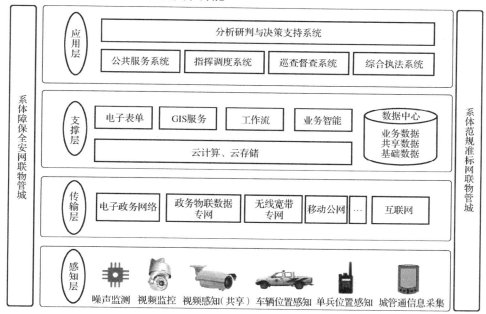

图 7.11 基于物联网的智慧城管建设的总体架构图

应用层以城管地图公共服务系统建设为牵引，通过新一代信息技术构筑面向创新 2.0 的公共服务新模式，强化扁平指挥与敏捷反应能力，为巡查监察、综合执法、公共服务等提供技术支持，也为决策提供科学的依据。

智慧城管与数字城管存在以下八方面的差异。

（1）智慧城管更加注重利用传感技术、智能技术实现对城市管理与运行状态的自动、实时、全面透彻的感知，而非简单的数字化。

（2）数字城管主要通过整合各行业各领域的资源来提高管理效率、服务质量，并实现了初步协同；智慧城管则更强调通过云计算等新一代信息通信技术应用，进一步实现城市管理信息化的集约化和智能化。

（3）数字城管基于互联网形成初步的业务协同，智慧城管则更注重通过泛在网络、移动通信技术，依托执法城管通、市民城管通等载体实现无所不在的互联和随时随地随身的智能融合服务。

（4）数字城管的管理对象聚焦在基于地理信息系统的"部件"和"事件"管理，即围绕城市公共设施及环境，以及与"物"相关的"事"的管理；智慧城管则更加重视人的主体地位及社会服务管理，是将管理对象拓展到"人、地、物、事、组织"的全方位管理。

（5）数字城管通过专业队伍参与网格划分、数据普查等方式关注数据资源的生产、积累和应用；智慧城管则更加关注社会各方参与的开放数据建设与共享应用。

（6）数字城管通过建立监督指挥中心、聘用监督员等方式实现指挥和监督的协同互动；智慧城管则更注重通过广泛发动社会资源，通过市民城管通、城管政务维基的方式汇聚大众的力量和群众的智慧解决城市管理难题。

（7）数字城管注重利用信息技术实现城市各领域的信息化，以提升社会生产和管理效率；智慧城管则更强调人的主体地位，更关注用户视角服务的设计和提供，更强调开放创新空间的塑造，以及市民参与、用户体验。

（8）数字城管致力于通过信息化手段实现城市运行与发展的各方面功能，提高城市管理效率，服务城市建设与发展；智慧城管则更强调通过政府、市场、社会各方力量的参与和协同来实现城市公共价值的塑造和独特价值的创造。

总之，智慧城管基于数字城管建设，是创新 2.0 时代面向以人为本、可持续创新的城市管理再创新。

7.5 本章小结

大数据技术的战略意义不在于掌握了庞大的数据信息，而在于对这些数据进行专业化处理。换言之，如果把大数据比作一种产业，那么这种产业实现盈利的关键就在于提高对数据的"加工能力"，通过"加工"实现数据的"增值"。

大数据应用的一个重要方向就是基于场景感知的方法来实现智能信息处理。场景感知计算是一种新的、智能化的计算模式，是物联网的核心软件基础和普适计算的核心，也是智慧城市建设的核心基础。场景感知计算借助物理的传感设施和逻辑传感设施（如智能代理、数据蕴含知识等），将传统的按输出结果由人工修正和调节输入来满足需求的计算模式，提升为借助自动感知来自动调节系统环境而实施自适应计算的智能模式。对于场景信息进行处理，收集和处理用户或者设备自身的场景信息是非常有用的，可通过移动互联网、社交网络、传感器、交易数据、网页浏览行为等数据来刻画用户或者设备此刻的场景，对用户或设备的需求做出预判，从而为用户提供最有价值、最充实、最匹配的体验。

参 考 文 献

[1]　http://wiki.mbalib.com/wiki/无人驾驶汽车.

[2]　任禾. 无人驾驶[J]. 中国经济和信息化，2013，8.

[3]　赵阳. 无人驾驶汽车关键技术[J]. 中国科技博览，2011（26）：272.

[4]　http://tech.feng.com/2015-07-22/Google-self-driving-car-ten-technology-do-you-understand_619421.shtml.

[5]　张昌明，朱红. 大数据及其在医疗领域的应用[J]. 中国医学教育技术，2015，29（3）:294-297.

[6]　https://support.apple.com/zh-cn/HT204666.

[7]　http://www.bioon.com/3g/id/6673343/.

[8]　http://www.healthmap.org/zh/index.php.

[9]　杨青，张征，庞树杰，等. 一种基于 GPS 和 GIS 农业装备田间位置的监控系统[J]. 农业工程学报，2004，20（4）：84-87.

[10]　李洪，姚光强，陈立平. 基于GPS，GPRS和GIS 的农机监控调度系统[J]. 农业工程学报，2008，24（2）：119-122.

[11]　江朝晖，许正荣，陈祎琼，等. 远程农业监测信息系统设计与实现[J]. 农业网络信息，2010，2010（11）：40-43.

[12]　史璐. 智慧城市的原理及其在我国城市发展中的功能和意义[J]. 中国科技论坛，2011（5）：97-102.

[13]　宋刚，邬伦. 创新 2.0 视野下的智慧城市[J]. 城市发展研究，2012，9: 53-60.

[14]　宋刚. 从数字城管到智慧城管：创新 2.0 视野下的城市管理创新[J]. 城市管理与科技，2013，14（6）：11-14.

第 8 章

基于可持续发展的大数据技术应用

8.0　大数据时代下的可持续发展新思路

1987 年，世界环境与发展委员会在《我们共同的未来》报告中将可持续发展定义为："能满足当代人的需要，又不对后代人满足其需要的能力构成危害的发展。"随着可持续发展理论的日益深化和成熟，其内涵早已不再局限于长远的经济发展，而是经济、社会、环境、文化四个方面的协调发展。中国科学院可持续发展研究组的研究报告指出，可持续发展不是某个单一因素完成就可以实现的，它是一个综合的科学体系。这一科学体系的整体构想，既从经济增长、社会治理和环境安全的功利性要求出发，也从全球共识、哲学建构、文明形态的理性化总结出发，全方位涵盖自然、经济、社会复杂系统的行为规则和人口、资源、环境、发展四位一体协调的辩证关系，并进一步将此类规则与关系包含在整个时空演化的谱系之中，从而组成一个完善的战略框架，力求在理论上和实践上获得最大价值的"满意解"。我国正处于经济转型的关键时期，面临着严峻的生态环境形势和发展要求，必须坚持走可持续发展的道路。

可持续发展要求制定出能够平衡环境、经济和社会需求的复杂决策。然而，由于自然、社会、经济系统存在高度复杂性、动态性及不确定性，得到最大价值的"满意解"并不容易。如何将全局理论落实为具体的实践指导，成为实现可持续发展的关键问题。

近年来出现的计算可持续性（Computational Sustainability）是为解决可持续发展面临的挑战而出现的一个新兴的跨学科研究领域，其目的是综合应用计算机科学、信息科学、运筹学、应用数学、统计学等多学科交叉技术来平衡环境、经济及社会需求，以支持可持续的发展。计算可持续性研究的重点是针对可持续发展问题，开发计算模型、数学模型及相关方法，以帮助解决一些与可持续发展相关的最具挑战性的问题。

随着大数据时代的来临，用数据说话、用数据做决策已经成为一种新常态，这也为计算可持续性研究带来了新的机遇和挑战。一方面，大数据限制了研究者使用相对简单的分析技术，已有的构建和优化模型的方法遇到了可扩展性等挑战；另一方面，大数据所蕴含的丰富信息和潜在知识，将开辟一个以数据为驱动的、全新的研究方式。在计算可持续性研究的框架下，可持续发展的关键问题最终可以转化成计算和信息科学领域的决策和优化问题。大数据技术使得计算可持续性研究中的大规模、动态、复杂问题的建模和求解成为可能，从而极大地提升计算可持续性研究的效力，进一步将可持续发展问题真正落实到实践层面[4]。

8.1　环境大数据的分析与应用

8.1.1　环境大数据的概念和特征

环境大数据是指面向环境保护与管理决策的应用服务需要，以大数据技术为驱动的"互联网+环境保护"技术体系与产业生态。环境大数据把大数据的核心理念和关键技术应用到环境领域，对海量环境数据进行采集、整合、存储、分析与应用等。

一方面，环境大数据的应用能更好地发现具有规律性、科学性和有价值的环境信息，从而为环境部门的日常管理与科学研究做出贡献。另一方面，应用大数据挖掘的方法，可以将污染物排放和相关环境、气象及健康等多种复杂信息或指标数据相结合，不易遗漏重要信息，从而可以全面深入地分析环境成因和评判环境损害。

目前资源环境领域大数据的主要研究方向有区域大气污染防治与污染物减排研究、资源与能源市场复杂性研究、智能电网的大数据研究、资源开发利用的大数据管理研究、全球气候变化与温室气体减排研究五个方面。

环境大数据同样具有大数据的"4V"特征。

（1）从数据规模来看，据不完全统计，目前各类环保数据已达几十亿条，且呈现爆发式增长的趋势，若考虑实际环境管理中与环保间接相关的经济和社会等数据（如环保投入金额、居民健康状况），数据的规模将会更大。

（2）从数据种类来看，环境大数据涉及部门政务信息，环境质量数据（大气、水、土壤、辐射、声、气象等），污染排放数据（污染源基本信息、污染源监测、总量控制等各项环境监管信息），个人活动信息（个人用水量、用电量、废弃物产生量等）等，它不仅包括关于物理、化学、生物等性质和状态的基本测量值，即可用二维表结构进行逻辑表示的结构数据，也包括了随着互联网、移动互联网与传感器飞速发展而出现的各种文档、图片、音频、视频、地理位置信息等半结构化和非结构化数据。

（3）从数据处理速度来看，数据量的快速增长要求对环境数据进行实时的分析并及时做出决策，否则处理的结果就可能是过时和无价值的，有时延迟的信息甚至还会误导用户，比如空气质量的预警预报。

（4）从数据价值来看，环境大数据为精细化、定量化管理和科学决策提供了新思路，但同时海量数据特别是其中快速增长的非结构化数据，在保留数据原貌和呈现全部细节以供提取有效信息的同时，也带来了大量没有价值甚至是错误的信息，使其在特定应用中呈现出较低的价值密度。例如，各类环境传感器、视频等智能设备可以对特定环境进行全年24小时的连续监控，但可能有用的监控信息仅有一两秒。如何利用大数据技术快速地完成环境数据价值的"提纯"，是大数据背景下环境管理亟待解决的问题。

8.1.2 环境大数据使用流程

利用环境大数据的流程可以概括为：首先，借助大数据采集技术收集大量关于各项环境质量指标的信息；其次，将信息传输到中心数据库进行数据分析，直接指导下一步环境治理方案的制订；实时监测环境治理效果，动态更新治理方案。另外，通过数据开放，将实用的环境治理数据和案例以极富创意的方式传播给公众，通过鼓励社会公众参与的模式提升环境保护的效果与效率。

8.1.3 环境大数据的作用

大数据必将对环境管理理念、管理方式产生巨大的影响，开展环境保护大数据应用具有重要的现实意义和紧迫的需求。

（1）提升污染防治工作效率。环境大数据可以提供污染源排放空间分布、污染排放动向、污染排放趋势分析、污染排放特征等数据，为我国污染防治和污染减排工作提供重要的支撑作用。

（2）污染源的全生命周期管理。利用物联网等技术，将污染源在线监测系统、视频监控系统、动态管控系统、工况在线监测系统、刷卡排污总量控制系统等进行整合，形成全方位的智能监测网络，实时收集污染源生命周期的全部数据；然后基于每个节点实时的各类数据，利用大数据分析技术进行"点对点"的数据化、图像化展示。这有利于快速识别排放异常或超标数据，并分析其产生原因，以帮助环境管理者动态管理污染源企业，并有针对性地提出对策。

（3）促进精细化环境监测。环境监测是环境管理的重要组成部分，是环境保护管理工作的基础。环境大数据有利于实现环境信息获取手段从点上监测发展为点面相结合监测，手动监测发展为手动与自动结合监测，静态监测发展到静态动态结合监测，地面监测发展为天地一体化监测。

（4）加强生态保护监管。加强生态保护和建设需要收集生态监测和管理数据，不断强化生态数据资源的跨部门整合共享，对生态系统格局、生态系统质量、动植物各类、生态胁迫状况进行评价，全面、准确地了解生物多样性，保护优先区的现状和动态变化情况，为严守生态红线提供支撑，实现生态环境保护的现状化管理。

（5）提供环境应急管理数据支撑。环境应急管理是关系经济社会发展、国家环境安全、人民群众利益的重要工作。突发性环境事件具有不确定性、类型成因的复杂性、时空分布的差异性、侵害对象的公共性和危害后果的严重性等特点，一旦发生环境污染事件，就需要在第一时间了解事件的发生情况、危险程度、危害范围、应对措施等。目前，亟待建立健全全国性的环境风险源数据库、应急资源数据库、危险化学品数据库、应急处理处置方法库；提供跨流域、跨区域、跨层级的应急数据资源共享；提供权威的决策支持服务，提供及时的气象、水文等信息资源，提供突发事件水和气模型推演运算结果等，为突发事件预防和处置提供大数据支撑。

（6）协助环保部门更好地预测未来走向。大数据分析最重要的应用领域之一就是预测性分析，从大数据中挖掘出独有特点，通过建立评估和预测预报模型，预测未来发展趋势。大数据的虚拟化特征，还将大大降低环境管理的风险，能够在管理调整尚未展开之前就给出相关答案，让管理措施做到有的放矢。大数据能够基于可视化方法将环境数据分析结果和治理模型进行立体化展现，通过虚拟的数据可以模拟出真实的环境，进而测试所制订的环境保护方案是否有效。纽约曼哈顿哈德森河已将这一方法运用于虚拟河流污染监管和治理，并获得了良好的效果。

（7）提升公众服务能力和参与能力。通过大数据整理计算采集来的社交信息数据、公众互动数据等，可以帮助环保部门进行公众服务的水平化设计和碎片化扩散。可以借助社交媒体中公开的海量数据，通过大数据信息交叉验证技术、分析数据内容之间的关联度等，进而面向社会化用户开展精细化服务，为公众提供更多的便利，产生更大的价值。另外，环境大数据通过文字、图片、文档、视频、地图等信息，可以为不同层面的公众提供广泛的环境信息，提高公众环境意识和参与能力。

8.1.4 国外运用环境大数据的经验和启示

美国环境大数据领域的经验主要包括以下几个方面。

（1）构建政府信息开放大平台。2011 年 12 月，美国设立了政府开放平台（Open Government Platform）。该平台以数据共享和再利用为核心，其中，一站式数据下载网站 Data.gov 标志着美国政府数据库的正式建立和政府信息的全面公开与透明；一站式云计算服务门户 Apps.gov 是美国"云优先"战略的重要组成部分，各联邦机构可通过该网站浏览及购买相关云服务，不仅规范和整合了不同政府部门的业务流程，提升了政府信息技术的整体安全性，还有效降低了政府部门软件开发的支出。

（2）构建环境信息生命周期框架。在联邦政府信息公开和共享的总体要求下，美国环保局环境信息办公室（OEI）借助信息管理模型构建了环境信息生命周期框架，包括 7 个主要环节，即项目政策规划、信息收集管理、信息交换和共享、信息管理、信息访问、信息使用，以及用户反馈。在环境信息收集过程中，美国环保局与其他部门积极地开展合作，并充分调动公众参与。在环境信息公开方面，自 2002 年开始，美国环保局执法守法历史在线系统（http://echo.epa.gov）向公众公布环境执法和守法信息，包含了 80 多万台受环保局监管的大气固定污染源、污水排放源及有害废物产生与处理设施的情况。同时，公众还可通过网络会议、电话或电子邮件对环境数据进行监督，是环境质量把关中的重要环节。

（3）联合企业研发力量。企业是美国推动大数据发展的重要力量，在大数据的收集、研发和再利用过程中提供了重要的数据和技术支撑。IBM、惠普、Google、微软等 IT 企业为政府和公众提供了全球最先进的数据库、服务器、搜索服务和存储设备等，同时实现了企业自身的数据平台建设和技术创新。面对日益突出的环境问题，企业积极提供公共服务，帮助政府和研究者对环境现状及未来趋势做出准确判断。

对我国的启示有以下几个方面。

（1）创新环境信息管理的机制，探索在环境保护相关部门成立专门负责环境信息和大数据工程的业务机构，统筹管理环境信息的规划、收集、分析、发布及公众反馈，实现环境大数据管理的系统化、科学化、专业化；促进相关部门对接协调，统筹环境信息的跨部门使用与集成。

（2）推动环境治理能力现代化，围绕服务型政府的建设，在环境治理体系中全面推广大数据应用。加强基层环保部门的环境数据收集、处理能力，提升信息化水平。针对公众关心的环境热点问题，加快建设、推广数据可靠、结论可信的环境大数据应用，以大数据等新兴技术检验环境质量改善成果。鼓励高新技术企业开展环境大数据的研发应用，调动公众参与生态创新的积极性。

（3）推动环境信息共享与应用开发的法制化建设，确保信息安全，促进环境大数据的健康发展。配合国家信息安全立法，抓紧研究制定环境大数据收集、发布、使用的管理办法，确保环境大数据的各项应用处于法律规定的合理合法范围内，促进环境大数据产业健康发展，从信息角度维护好国家的生态安全。

（4）加强环境大数据的国际合作，优先推动中美在环境信息领域的合作。考虑到美国环保局在环境信息管理与实践方面的优势地位，未来中美环保合作应探索建立高级别的环境信息合作机制，加强部门交流合作，提升我国的环境大数据水平。

8.1.5　现存问题及未来展望

目前来看，环境大数据的应用主要存在以下两方面问题。

从环境数据管理来说，第一，环境数据的质量长期被公众质疑，即使官方平台公布的数据，篡改、造假等现象也大量存在，这一方面是由于管理制度还存在一些问题，各个部门各自采集数据，使污染源数据有好几套；另一方面就是利益驱动、政绩考核带来的环保数据造假。第二，政府和企业直接公开的环境数据有限且与公众需求不对称，如污染源排放量的数据，部分省市既不直接公布也很难间接估算。第三，部门之间数据封锁，"信息孤岛"问题普遍存在，这使得环境数据的利用效率降低，也导致分析结果失真的可能性加大。要完善环境大数据管理，一方面需要政府提高自身环境信息的公开程度，激励企业公开环境信息，并建立机制确保公开信息的质量；另一方面，也需要建立利益协调机制，加强部门间合作，推动统一环境信息管理平台的建设。

从大数据的应用现状来说，当前大数据在我国尚处于起步阶段，它在环境管理领域应用的成熟案例较少。存在的主要问题是环境大数据应用方法不清晰，应用工具缺乏，难以清晰反映环境问题并进行深入分析。这需要信息技术和环境学科进一步融合，培养出大数据和环境管理兼通的复合型人才，为大数据在环境管理的深入应用提供智力支持。另外，部分管理者的决策思维仍未转变，已开发的环境大数据工具在驱动科学决策上作用有限。环境管理战略转型以环境质量考核为目标导向，将迫使环境管理者重视大数据的应用，以实现定量决策和精细管理。

从政策的角度，推动环境大数据的应用和发展应确立发展目标、抓好整体布局、出台指导意见、夯实应用基础、实施重大工程、推进示范应用、推动产业发展、建立环保大数据应用工程中心、完善配套政策。

1．环境数据的收集与共享

现阶段中国环境数据的可获得性与发达国家相比较为不足。一方面，缺乏污染物必要的监测数据，对某些污染物的监测近些年才开始起步，如 PM2.5；另一方面，很多环境数据主要集中于环保部门，并不对外公开。这不仅不利于环境危害程度被大众认知，而且也给环境治理及相关研究带来很大局限。应加快建立环境大数据平台，在传统人工手动监测的基础上，使用先进技术，创新监测手段，推动开展环境质量连续自动监测和环境污染遥感监测，分批逐步开展针对大气、水体、土壤的环境质量连续监测，从大尺度、长时段入手，提供客观、准确、符合人体感觉的环境质量监测数据，预测环境质量变化趋势，从而为各地区环境容量核定、产业结构布局、城市规划建设、资源开发利用等提出更加合理的生态环境保护建议。同时，以重点污染企业监控预警为重点，引入生产排污工况监控，构建大数据监控分析平台，深度监控排污企业生产、排放、存储、运输各个环节，从源头上消除企业监控数据造假的可能性，为监察部门提供可靠的执法依据，并结合环境监测数据挖掘企业排污对当地环境的影响。

2．环境预警和环境政策

环境治理相关政策往往涉及多个领域。通常，不同领域的专家会从各自领域提出不同的政策建议，如以雾霾治理为例，化学或气象学者可能偏重于从污染物解析、化学及气象变化的研究角度提出相关政策建议，而经济管理学者则比较侧重于从产业和人类经济活动改善方面提出政策建议。大数据科学作为多领域的新兴交叉科学已经逐步形成，如果应用大数据挖掘的方法，可以吸收不同学科领域的思想和模型方法的优点，将各种因素结合起来，从而产生更大的价值。

3．环境目标设定与综合管理

在环境治理目标的设定方面，许多减排目标多为国家或省、直辖市层面的目标，在具体落实时还需要进一步向下分解。现有目标的设置较多地依赖经验，有时会出现目标偏松或偏紧的状况。基于大数据的分析和挖掘方法，可以设定较为合理的治理目标，且可针对不同地区、不同污染源设定较为细分的目标。其次，大数据的方法技术可以实现单一环境目标向多种环境目标的综合管理转变，有利于区域的联防联控，从而以最小成本实现最大环境效益。例如，同时实现 SO_2、NO_x、PM2.5 减排和减碳等目标，或者实现京津冀雾霾治理联防联控，应该采用哪些措施最为成本有效。最后，大数据能够促进跨部门协作，通过数据共享信息平台的方式共享监控监测数据成果，协调上下级环保机构，及时发现、报告、处置和反馈问题；通过建立大数据共享中心，将监察执法处理情况、环境监测情况、污染源在线监控情况进行统一汇总分析。

4．立体化的环境治理

未来环境治理的发展方向应当是以政府治理为主，公众、非政府组织（NGO）、企业等广泛参与的立体化的环境治理。大数据除了能给公众提供丰富的环境信息，还可以让公众成为大数据收集与监督中的一员。例如，通过手机 App 和数据中心相连，当居民发现有破坏环境污染的行为时可以第一时间进行举报；居民自身向绿色环保行为方式的转变也可以通过数据让居民看到其对环境改善做出的贡献；NGO 也可以参与对企业和政府部门的监督，同时通过相关资源，收集更多的环保数据和信息，如建立类似"水污染地图"这样的公益性数据库，为环保治理贡献自己的力量；企业则可利用大数据，监测、分析和控制自身的污染排放，采取相关环保措施实现相应的排放要求，同时可将企业排放数据提交给政府部门，为政府的环境治理和政策制定提供支撑。

8.2　大数据在交通领域的应用

8.2.1　交通大数据的来源及发展现状

目前，交通运输行业大数据来源主要在三个方面：基于互联网的公众出行服务数据，基于行业运营的企业生产监管数据，基于物联网、车联网的终端设备传感器采集数据，包括车辆相关动态数据。

目前大数据在交通中的应用主要集中在交通管理、智能交通、交通事故分析与处理、交通需求预测及综合交通运输体系建设等多方面。

与此同时，交通大数据的发展仍面临诸多挑战：一是交通数据资源的条块化分割和信息碎片化等现象；二是由于交通检测方式多样，信息模式复杂，造成数据种类繁多，且缺乏统一的标准；三是目前尚缺乏有效的市场化推进机制。

8.2.2　大数据在城市交通中的应用

1．大数据在交通调查及交通数据管理方面的应用

大数据给交通调查、交通数据采集、应用与管理带来了重大变革，新的交通数据采集

手段使交通调查的众多设想变得可能，同时也给交通数据管理带来巨大挑战。

应用大数据技术可以改进和提升交通管理工作：大数据的虚拟性可以跨越行政区域的限制；可以全面高效地处理现有基础数据，配置交通资源；可以有效地实现交通预测，提高交通运行效率；可以全面提高交通安全水平；可以提供有效的环境监测方式[19]。

大数据在交通调查中的应用主要包括：利用手机移动定位技术，获取居民日常出行轨迹；利用 GPS 定位技术，获取车辆运行轨迹；利用车载 GPS、公交刷卡信息和视频监控系统，获取公共交通相关数据；利用道路检测设备，获取道路实时流量；利用视频监测技术，掌握交叉路口车流实时动态，将交通网络客流大数据和统计结果高度图形化，为城市轨道交通运营管理部门的客流分析及运营管理决策工作提供辅助等。

大数据时代交通信息管理的新需求包括加大数据收集量、多元数据的整合利用、数据的即时传播等。

2．大数据与交通规划

目前手机大数据在交通规划中的使用比较受关注，其主要用于交通仿真、规划决策支持、交通网络建模分析，预测交通路网旅行时间和拥堵状况等，也可以支撑城市交通的发展规划、公共交通发展规划、公交线路开辟与优化以及公交运营计划的改善，而利用大数据进行交通路网研究及运用于交通规划与空间规划方面目前研究较少。

3．大数据在公共交通中的应用

大数据能改变传统公共交通管理的路径；大数据能提高公共交通运转效率；大数据有利于促进公共交通的智能化管理，并能够节约资金。但公共交通大数据同样伴随着一些问题的产生，例如，如何开放公共交通数据、个人隐私问题、交通数据的存取方式。对此的合理建议包括：开放公共交通数据、保护个人私密信息、提高交通数据存取的多样性、提高数据质量。

公共交通电子收费数据（即公交 IC 卡数据）是公共交通支付活动中产生的运营记录数据。基于公交 IC 卡数据，业界开展了大量研究和实践工作。

4．大数据在缓解城市拥堵上的应用

依据交通流量最优均衡理论和系统最优均衡理论，大数据可通过交通诱导信息系统，在交通流量判断和拥堵实时评价、交通拥堵收费、公共交通运行和服务水平实时监控等方面发挥作用，从而构建一体化交通监测与需求管理系统，缓解城市拥堵问题。

5．大数据在智能交通中的应用

智能交通系统（Intelligent Transportation System，ITS）是未来交通系统的发展方向，而大数据显然是未来智能交通发展的重要依托，学术界关于大数据与智能交通现已有比较多的探讨。

智能交通场景下可能出现的大数据需求和具体应用价值包括：公交线路规划和设计、智能的交通导航和趋势分析预测、实时的车辆追踪等。

8.3　大数据与环境变化

8.3.1　大数据在灾害灾难预测中的应用

基于大数据采集与处理的洪情地图、磁场监测与野火跟踪等信息，不仅降低了灾害预测成本，也切实提高了灾害风险因子识别精度，增加了多元预警标识获取、管理、共享与交互的科学性、及时性与统一性。

大数据灾害预警的优势在于：提高正效率、发掘客观规律、增加精细度。但由于存在原始信息量值偏低、误差明显、警情发布错漏等风险，亟待通过建立阈值标准体系、完善交互共享系统、构筑法律保障体系等手段构建科学高效的大数据灾害预警框架。

8.3.2　大数据在气候变化研究中的应用

气候变化是一门涉及多时空尺度、多学科交叉融合的复杂科学，需要基于海量科学数据的存储和分析来进行观测、模拟和预测，因此，气候变化研究与大数据之间的关系是非常密切的。

目前，将大数据技术应用于模拟、解读和演示气候变化的研究有很多，其中较有代表性的是美国的气候数据项目，该项目利用当前积累的庞大气候变化相关数据，帮助各地政府及城市规划人员保护周边环境。其中涉及的数据规模巨大，主要由美国宇航局、美国国防部、美国国家海洋与大气管理局，以及美国地质勘探局等机构负责提供。

其他应用大数据技术研究气候变化的实例还包括：用互动式地图工具描绘海平面上升和风暴潮给美国大陆沿海 3000 多个城市、城镇和农村造成的威胁；美国官方的气象研究网站给公众提供数据与工具来研究气候变化的影响；联合国"全球脉动"行动推出"大数据气候挑战"项目，将一些用大数据研究气候变化对经济的影响的项目通过众包的形式进行了发布。同时，许多企业也通过大数据技术参与到气候变化行动中来，如 Google 的地球引擎服务可提供各种公开的卫星影像，供研究人员定位环境损害并加以解决；Opower 公司与电力企业一道分析人们的能源使用数据，然后向顾客发送个性化报告以鼓励节能。

8.4 大数据在能源领域的应用

目前，能源大数据主要有三类应用模式：能源数据综合服务平台、为智能化节能产品研发提供支撑、面对企业内部的管理决策支撑。

下面看一下大数据在智能电网中的应用。

智能电网是通过获取更多的关于如何用电、怎样用电的信息，来优化电的生产、分配及消耗的。智能电网的最终目标是建设覆盖电力系统整个生产过程，包括发电、输电、变电、配电、用电及调度等多个环节的全景实时系统。而支撑智能电网安全、自愈、绿色、坚强及可靠运行的基础是电网全景实时数据采集、传输和存储，以及累积的海量多源数据快速分析。随着智能电网建设的不断深入和推进，电网运行和设备检/监测产生的数据量呈指数级增长，逐渐构成了当今信息学界所关注的大数据。

根据数据来源的不同，可以将智能电网大数据分为两大类：一类是电网内部数据；另一类是电网外部数据。电网内部数据来自用电信息采集系统、营销系统、广域监测系统、配电管理系统、生产管理系统、能量管理系统、设备检测和监测系统、客户服务系统、财务管理系统等的数据，电网外部数据来自电动汽车充换电管理系统、气象信息系统、地理信息系统、公共服务部门、互联网等，这些数据分散放置在不同的地方，由不同的单位/部门管理，具有分散放置、分布管理的特性。

智能电网大数据发展有以下驱动力。

（1）电力公司部署了大量的智能电表及用电信息采集系统，其中包含的巨大价值需要挖掘。例如，根据用户用电数据，可分析出用户的用电行为，为形成合适的激励机制、实施有效的需求侧管理（需求响应）提供依据。

（2）电力公司资产巨大，资产的监测和运维涉及大量复杂的数据，通过数据分析，可提高资产利用率和设备管理水平，存在巨大经济效益。

（3）在实现营配数据一体化基础上，通过数据分析，电网公司可进行有效的停电管理，提高供电可靠性；也可进一步提高电能质量，减少线损；还可防止用户窃电，以及避免造成其他非技术性损耗，经济效益显著。

（4）大数据将促进地球空间技术、天气预报数据在智能电网中的应用，提高负荷和新能源发电预测精确度，提高电网接纳可再生能源的能力。

（5）通过大数据分析，可探索新的商业模式，为电网公司带来效益。

智能电网大数据应用目前重点在三个方面开展：一是为社会、政府部门和相关行业服务；二是为电力用户服务；三是支持电网自身的发展和运营，如表 8.1 所示。

表 8.1　智能电网大数据重点方向和领域

方　　向	重点领域
为社会、政府部门和相关行业服务	社会经济状况分析和预测
	相关政策制定依据和效果分析
	风电、光伏、储能设备技术性能分析
为电力用户服务	需求侧管理/需求响应
	用户能效分析
	客户服务质量分析与优化
	业扩报装等营销业务辅助分析
	供电服务舆情监测预警分析
	电动汽车充电设施建设部署
支持电网自身的发展和运营	电力系统暂态稳定性分析与控制
	基于电网设备在线监测数据的故障诊断与状态检修
	短期/超短期负荷预测
	配电网故障定位
	防窃电管理
	电网设备资产管理
	储能技术应用
	风电功率预测
	城市电网规划

与大数据在商业及互联网领域的广泛研究和应用相比，大数据在智能电网建设的研究中还有待进一步加强。云计算平台具有存储量大、廉价、可靠性高、可扩展性强等优势，但在实时性方面难以保证，故它不适合于作为电网调度自动化系统的主系统，但可用于调度自动化系统的后台，也可用于智能电网数据中心（营销、管理和设备状态监测）。云平台环境下的通用大数据处理和展现工具正在不断涌现，为减少软件开发工作带来了好处。然而，数据挖掘通常是与具体应用对象相关的，大数据挖掘是一个不小的挑战。例如，在面对海量数据时，传统聚类算法在普通计算系统上无法完成。

此外，在数据处理面临规模化挑战的同时，数据处理需求的多样化逐渐显现。相比支撑单业务类型的数据处理业务，公共数据处理平台需要处理的大数据涉及在线和离线、线性和非线性、流数据和图数据等多种复杂、混合计算技术和方式的挑战，这些都需要在今后的研究和应用中不断探索。

参 考 文 献

[1] 可持续发展：世界对发展道路的审慎选择——专访中国科学院可持续发展研究组组长、首席科学家牛文元. 光明日报，2015.8.

[2] 清华大学绿色经济与可持续发展研究中心举办"大数据与可持续发展"论坛. http://www.sem.tsinghua.edu.cn/ portalweb/sem?__c=fa1&u=xyywcn/71837.htm.

[3] GOMES C P. Computational sustainability: computational methods for a sustainable environment，economy，and society[J]. The Bridge，2009，39（4）:5-13.

[4] 周绮凤，李涛. 从政策驱动到技术践行:大数据开辟可持续发展研究新途径[J]. 大数据，2016，01:114-119.

[5] 陈贞汝，冯启娜. 大数据时代下环境保护的新思路. 摘自《智慧政府：大数据时代的公共管理》，2014.

[6] 顾伟伟. 大数据如何助力环境保护. http://www.zhb.gov.cn/，2014.

[7] 《互联网时代的环境大数据》图书简介. 2015.

[8] 李娜，田英杰，石勇. 论大数据在环境治理领域的运用[J]. 环境保护，2015，19:30-33.

[9] 陈刚，蓝艳. 大数据时代环境保护的国际经验及启示[J]. 环境保护，2015，19:34-37.

[10] 常杪，冯雁，郭培坤，等. 环境大数据概念、特征及在环境管理中的应用[J]. 中国环境管理，2015，06:26-30.

[11] 魏斌. 推进环境保护大数据应用和发展的建议[J]. 环境保护，2015，19:21-24.

[12] 吴刚. 资源环境领域大数据的研究与资助分析[J]. 中国环境管理，2015，06:14-18.

[13] 魏斌. 2015 清华 RONG 系列论坛之 "大数据与可持续发展"专场演讲. http://www.ezaisheng.com/news/show-33119.html

[14] 朱笠. 国内大数据与交通研究综述[A]. 中国城市规划学会、贵阳市人民政府.新常态：传承与变革

——2015 中国城市规划年会论文集（04 城市规划新技术应用）[C].中国城市规划学会、贵阳市人民政府，2015，10.

[15] 马英杰. 交通大数据的发展现状与思路[J]. 道路交通与安全，2014，04:55-59.

[16] 徐玉萍，覃功，张正. 城市轨道交通调查大数据应用研究[J]. 铁道运输与经济，2015，04:78-81.

[17] 李伟，周峰，朱炜，等. 轨道交通网络客流大数据可视化研究[J]. 中国铁路，2015，02:94-98.

[18] 徐思豪. 大数据背景下交通信息管理发展思考[J]. 科学咨询（科技·管理），2014，02:8-10.

[19] 卢诚. 浅谈大数据技术对交通管理工作的改进与提升[J]. 中国公共安全，2014，11:172-174.

[20] 陈美. 大数据在公共交通中的应用[J]. 图书与情报，2012，06:22-28.

[21] 赵鹏军，李铠. 大数据方法对于缓解城市交通拥堵的作用的理论分析[J]. 现代城市研究，2014，10:25-30.

[22] 交通大数据. http://blog.sina.com.cn/s/blog_493a84550101kemp.html.

[23] 大数据：智能交通发展的机遇与挑战. http://www.people.com.cn/.

[24] 勇素华，杨传民，陈芳. 大数据灾害预测与警情流转机制[J]. 图书与情报，2015，02:72-76.

[25] 推演气候变化是大数据最大挑战. 财富中国，2014.

[26] 气候变化难遏制？大数据项目也出力. http://blog.moojnn.com/ 2015.

[27] 白宫借助大数据应对气候变化. 中国天气网，2014.

[28] 孙艺新. 能源领域大数据应用前景分析. http://www.chinaero.com.cn/zxdt/djxx/ycwz/2015/04/147577.shtml.

[29] 智能电网：大数据在电力上的应用. http://news.hexun.com.

[30] 刘军，吕俊峰. 大数据时代及数据挖掘的应用. 国家电网报，2012.

[31] 张东霞，苗新，刘丽平，等. 智能电网大数据技术发展研究[J]. 中国电机工程学报，2015，01:2-12.

[32] 宋亚奇，周国亮，朱永利. 智能电网大数据处理技术现状与挑战[J]. 电网技术，2013，04:927-935.